含氧量°

让阅读像呼吸一样自然

演讲心理学

[美] 沃尔特·D.斯科特 / 著
冯陶然 / 译

古吴轩出版社

图书在版编目（CIP）数据

演讲心理学 /（美）沃尔特·D.斯科特著；冯陶然译. -- 苏州：古吴轩出版社，2021.1
ISBN 978-7-5546-1710-6

Ⅰ.①演… Ⅱ.①沃… ②冯… Ⅲ.①应用心理学 Ⅳ.①B849

中国版本图书馆CIP数据核字(2021)第031976号

责任编辑：李　倩
策　　划：程　娟
装帧设计：柏拉图

书　　名：演讲心理学
著　　者：[美] 沃尔特·D.斯科特
译　　者：冯陶然
出版发行：古吴轩出版社
地址：苏州市八达街118号苏州新闻大厦30F　邮编：215123
电话：0512-65233679　传真：0512-65220750
出 版 人：尹剑峰
印　　刷：无锡市证券印刷有限公司
开　　本：880×1240　1/32
印　　张：5.5
字　　数：127千字
版　　次：2021年1月第1版　第1次印刷
书　　号：ISBN 978-7-5546-1710-6
定　　价：52.00元

谨将本书献给艺术家

罗伯特·麦克林·汤姆诺克教授，

他引发了我对公共演讲的兴趣；

同时也感谢学者

乔治·A. 科尔教授，

他激起了我对心理学的热爱。

目　录

导　言

“心理学”这一术语总是让人望而生畏。人们通常以为它意味着神秘、不祥，且与黑魔法之类的事物有关。然而，心理学实际上是一项性格研究，旨在记录不同人在面对某一对象时所受的影响。

本书作者的青少年时光在村镇度过，后来他去邻近的城市，读了高中和师范。乡里人只知道他打算成为一名教师，而在毕业后，他就杳无音信。一直到大约十年之后，他才回到童年的故乡，与一些老友重逢。在那时，他已经完成了国外院校的学业，拿到了博士学位，并成为美国某所大学里的一名普通的心理学教授。

当熟人们得知作者成了一位心理学教授时，大家的反应实在不是苍白无力的语言所能描述的。作者从前的主日学校老师是位可爱的老太太，她很感兴趣地询问作者的工作。当作者告诉她自己在教授心理学时，老太太吃惊地捂住嘴，讶异道：“天底下还有这种玩意儿?”① “天‘底下’?”作者自嘲地想，“好吧，心理学与上苍可没什么关系，倒也不值得一个虔诚的年轻人去关心。”当其他熟人问他“你在教什么”

① 原著“What under heaven is that?”中的“under heaven”（意为“究竟”）是双关语，既有“这究竟是什么”之意，也取了heaven的本意“天堂”。主日学校是教会开办的免费进行宗教教育的学校，此处作者自嘲心理学与上帝无关，因此不值得年轻人去学习。下文中“on earth”的双关也是为了自嘲。

时，作者总是回以“心理学”一词。一个老农场主惊呼：“那到底是什么东西?”在某种程度上，这句话倒也算是一种鼓励，至少表明在这位农场主心中，“心理学”是个“东西”。但是，“东西”这个评价可上不了台面，很显然，这个农场主并不对作者的工作抱有欣赏的态度。另一个老熟人曾读过一些以巫术、心灵感应、占星术等为主题的文章，他相信没有人比他更懂“心理学”。于是，这位老友向作者问道：“你……你干吗要教那些愚蠢的东西?”

人们普遍对心理学抱有偏见，这有其历史依据，也很好理解。心理学最早由亚里士多德创立，他将其定义为“灵魂的科学”。对于普通人来说，亚里士多德的论文太过抽象，晦涩难懂。后来，各种各样的学说打着“心理学”的旗号登上舞台，所有心智上的异常行为以及许多假定存在的行为也被归入了心理学范畴。此类情况持续了很长一段时间，以至于到了今天，人们对心理学的印象变得十分宽泛，认为它主要与心灵感应、潜意识思考、催眠术、双重人格等具有类似特征的主题有关。直到最近，心理学才超越了亚里士多德赋予它的模式，或者说超越了它在前几个世纪所采用的模式——那时心理学与黑暗的中世纪的一切荒谬事物联系在一起。

通常情况下，介绍一本书或一系列文章的最佳位置是在结尾。因而，本章不会直接介绍后续一系列章节的内容，但会就公共演讲心理法则的性质和价值提出一些观点。

首先应该指出的是，我们今天所研究的心理学，是所有科学中最实用且最吸引人的。心理学是对心理过程的研究，研究者会持续地观察自己和周围人的心理过程。近年来，心理学的研究方法得到改进，知识宝库有所扩充，研究领域在不断扩大，心理学应用于实践后所取得的成果也令人鼓舞。现在，权威人士们发觉，即便心理学知识不是一项必备技能，但一定程度的掌握对所有教师而言都是有益的。此外，在过去的几年里，研究者还耗费了大量精力来推进针对商业人士的心理研究。心理学在医学上的应用效果也一年比一年显著。人们逐渐意识到，对于所有人来说，研究自己和他人的心理都是令人愉快且有益的。

本书的读者是一组经过筛选的人员，他们的职业大多与实用心理学研究相关。这些读者多是勤奋的心理学专业学生，他们的成功部分归功于其在心理学方面的才能。他们了解听众的想法，知道如何影响听众。因此，本书的功能不是呈现一些全新的东西，而是对这门只研究了几个特殊且有限的议题的学科产生帮助。

完成这样一本专著并非作者的痴心妄想，而更多的是一种尝试。成千上万的研究者们在心理学所采用的研究方法的帮助下，经过共同努力，发现了这一领域的伟大真理，而本书试图以系统的形式呈现它们。从亚里士多德与昆体良的时代伊始，几乎每一位卓越的心理学家或演说家都把新的真理添加到我们现在能有幸探索的心理学宝库中。

1880 年，世界上第一个心理实验室在德国莱比锡建立，当时仅有 4 名学生在那里接受指导。而在我们所处的时代，心理学教学都是以心理实验室为基础而进行的。十年前，大多数美国院校还没有这种心理实验室。因此，我们可以合理地假设，本书的大多数读者并没有接触过所谓的“新心理学”。正因如此，本书承诺不会假定有读者会熟悉目前所教授的心理学主题，而是会尝试先充分介绍每一个主题，然后再向公共演讲者们介绍其真正的意义和价值。在某些情况下，我们主要讨论心理学理论，而在其他情况下，则主要探索心理学理论的应用。例如，在接下来的两章里，我们将专门介绍由弗朗西斯·高尔顿爵士①在 1880 年发现的并被其他心理学家证实的心理学事实。这两章主要是理论性的，同时也具有很强的实用性。高尔顿爵士发现了人类在思考方法上存在的一些个人差异，而这些差异对于演讲者来说至关重要，它们与演讲者把控自身思维和影响听众的能力密切相关。因此该主题被放在本书的一系列章节之首。我要举的另外一例为第九章，它将介绍一个直到留声机等精确仪器被引入研究后才被发现的心理学主题，这使得我们能够对当代一些顶级演说家所使用的演讲方法进行科学研究。

本书作者并不是一个杰出的演讲者，但长期以来对公共演讲抱有浓厚兴趣，并且他从演讲的失败中得到的要比从成功中学到的多得多。本书收录了一系列作者认为对演讲者最有价值的心理学文章。据作者所知，此前没有任何以此为主题的著作出版，也没有专门为演讲者撰写的心理学书籍。这使得作者在写作中需要重写许多业已确立的心理学事实，同时需要寻找许多真理的全新应用方向和表达方式，因为这些真理的其他形式对于演讲者没有任何特殊参考价值。

演讲者的全部任务就是影响听众的心智。心理学与之相

① 弗朗西斯·高尔顿（1822—1911），英国科学家和探险家，晚年受封为爵士。作为查尔斯·达尔文的表弟，他把进化论思想引入人类研究，开创了优生学。他关于人类官能的研究开辟了个体心理和心理测验研究的新途径。

同，是对这一过程的系统研究。因此，不可妄加判断心理学对演讲者毫无益处。心理学与演讲之间的联系是如此直接，以至于我们可以通过仔细钻研演讲内容、演讲过程及其对听众的影响所体现的心智活动，来扩展心理学这门科学研究。同时，每一个演讲者都将从对有关人类心智的知识的系统化过程中受益，因为演讲者的成功与否就取决于他与这种人类心智打交道的能力。

第一章

心理意象

对感知与心理意象的比较

在我写作的时候，我的面前有一张芝加哥马展的宣传海报。当我把目光转向它时，我能感知到它的一切细节。骏马、马车、游人、饰品，就像出现在我眼前一样清晰。

闭上双眼，我试着去想象那张海报，它逐渐浮现在我眼前，仿佛我正看着它。此刻，代表树丛灌木的醒目色块，代表篱笆的黑白线条，还有黑色、红色、黄色的马车和各种鲜艳的服装，一齐出现在我对海报模样的再现中。对我而言，海报的视觉意象和我对它的感知非常相似。

附近的草坪上，有一群孩子正在玩耍，他们在玩模拟消防的游戏。孩子们认为这十分有趣，并试图再现与消防车相关的所有声音。我听到他们的脚步重重地踏在人行道上，嘴里尖声模仿消防车的鸣笛声，还学着消防员在火灾现场的样子，激动地放声大喊。当我驻足聆听时，我感知到了孩子们发出的每种声音。

草坪那儿的喧闹声暂时消停了，我又试着在脑海中重温一段经历：曾有一个小时，我在攀爬一段陡峭的悬崖。崖壁上，一块松动的岩石从原本的位置滑落，轰然坠入谷底。在想象中，我听到那块石头从一个岩架跌到另一个岩架上，随着它的每一次跳动，撞击声变得越来越响，宛如咆哮，回声重重叠加，直到整个峡谷中充满了震耳欲聋的怒吼。伴随着最后一下剧烈的撞击，岩石落在谷底，回声也逐渐消失，随之而来的是死一般的寂静。这些声音的听觉意象是如此逼真，仿佛让我回到过去，再一次听着峡谷的噪声，贴在悬崖上艰难地攀登。事实上，对我来说，现实里我耳边孩子们的喊叫声跟我在想象中听到的峡谷的咆哮声一样真实。

我把手按在桌沿，用力向前推去。这张桌子的重量不轻，要使点劲儿才能推动。在发力时，我慢慢体会自己的肌肉和关节是一种怎样的感觉，从而获得对肌肉力量的感知。我感受到肌肉的紧绷、关节的扭动、血液沿动脉涌上头以及胸腔内肺部的扩张。

我开始回忆自己以前的橄榄球比赛经历，那是一场异常艰难的混战。我的肌肉因长时间、无间断的运动而变得无力，且根本没有时间休息。在想象中，当我试图持球越线拿分时，我感受到了完全绷紧的肌肉。我想象着那场艰苦的搏斗，身上的每一块肌肉、每一条肌腱和每一处关节都在呻吟着变形、拉扯和扭动。在想象那场比赛的同时，我发现这些紧张状态在自己的身上重现，无意识地做出了球员的屈身动作，就好像那场球赛与当下推桌子的体验重叠了。我对球赛的运动意象和推动桌子时的运动感知几乎一样清晰。

我感到衣领贴在脖子上——我对它有了某种感知。而在我的想象中，有只苍蝇正慢慢地爬上我的鼻梁——我得到了一个触觉意象。这个苍蝇意象的存在感如此强烈，以至于我不得不停下来揉揉鼻子。

今天早餐我吃了一个美味的桃子——我对这个味道有着

愉悦的感知。现在快到中午了，一想起那个桃子的味道，我就垂涎欲滴——桃子的味道给我留下了鲜明的味觉意象。

在我把玫瑰捧在手上低头嗅闻时，我对玫瑰的香气有了某种感知。当我回忆昨天经过煤气厂闻到的气味时，我就有了关于煤气的嗅觉意象。

我用铅笔的笔尖戳向掌心，获得了对疼痛的感知。当我想象自己踩在一根生锈的铁钉上时，我脑海里就有了疼痛的心理意象。

想象的功能是给我们提供心理意象。从上述例子看来，我们显然可以对从前感知到的事物拥有心理意象。

创造性想象与再造性想象

此类心理意象是所谓创造性想象或再造性想象的产物。前文所提均属于再造性想象，即在想象中重温从前的生活，或再现过去的某段经历。在某种意义上，所有想象都是再造性的，因为没有人能够凭空想象出他从未感知过的事物。人们普遍认为，想象力可以无拘无束地自由发散。但实际上，想象是有赖于个人官能的能力之一。即使是最为奇异的想象，构成它的所有要素也都是想象者所亲历过的。

人们可能会以不同的比例和背景，改造和重组他们过去所经历的场景元素，这种过程被称为创造性想象。从某种意义上来看，所有的想象都是创造性的，因为无论一个人多么一丝不苟，他在想象中重新体验过去的某段经历时，肯定会改动一些细节。有的细节也许会被忽略，而有的则被夸大。

所以，我们的想象过程在某种意义上是独一无二的，可以被称为创造性想象。此外，创造性想象和再造性想象之间并非泾渭分明。当心理意象主要是往日经历按照其原始发生顺序的完整再现时，这种想象就被称为再造性想象。如果心理意象是不同经历碎片的结合体，其在整体或联系上都与以往任何一段经历大不相同，那么这种想象就被称为创造性想象。

古希腊人就通过创造性想象，将人的上半身与马的躯干结合起来，创造了半人马这一形象。中世纪的撒旦也是创造性想象的一个典型案例，创作者将山羊的角、牛的蹄子和尾巴、蝙蝠的翅膀统统添加到人体上。创造性想象也体现在天使的形象中，它由鸟的羽翼和美丽少女的身体结合而成。牛顿把苹果落地和天体运动联系起来，得出了万有引力的概念。当然，创造性想象的运作，往往要比这些例子所显示的更为精妙。明喻等修辞手法也是创造性想象的结果，在这种想象中，一种事物的元素被提取出来，并与其他事物或经历的元素相结合。在下面的引文中，快乐被认为是短暂的。作者提取出这一元素，将其与罂粟和雪花结合起来：

但欢乐就好似罂粟一朵，
才下枝头，颜色已差；
又像那雪花飘零于河上，
刹那晶莹，永远消亡。①

---

① 节选自苏格兰诗人罗伯特·彭斯（1759—1796）的叙事诗《塔姆·奥尚特》，译文引自王佐良翻译的《彭斯诗选》。

想象的功能

我们的心理状态会被一切侵入我们经验的东西所改变，这让我们可以在想象中回顾那些从前的经历，或者这些经历的任何部分以及它们所构成的全部联系。一个人的想象虽然永远不会比其经历更丰富，但是，从来没有一个人能有足够的创造性想象，来把他所经历过的事物以所有可能的新的方式组合起来。没有什么东西能在被我们感知之前出现在我们的想象中。不过，一个人生活经验的丰富与否并不取决于他感知到的事物的数量多少，而是取决于其想象力如何运用在他感知到的事物上。因此，与其说是我们所处的环境，不如说是我们的想象，在使我们谴责这个世界是多么地冰冷沉闷。同理，不少旅行者发现异国他乡并没有给他们带来太多乐趣，因为他们觉得所有的民族和国家都同样陈腐无聊。路德身陷牢狱之灾，诗人弥尔顿不幸双目失明，但这些都不妨碍他们过着丰富和创造性的生活。

许多人都持有这样一种观念：我们仅靠感官领略真实世界，而用想象处理非真实之物。但这一观点根本就是错误的。事物只会在短暂的一瞬被感官所感受到，但它们可以日复一日、年复一年地存在于想象中。甚至可以说，我们对感知对象的最佳思考就是在它们从感官中消失之后进行的。想象是真实的傀儡。借助想象，我们回到过去；借助想象，我们预言未来。在想象中，失聪的贝多芬听见了神圣的交响乐，并把它谱写在纸上；在想象中，牛顿看到宇宙受万有引力定律控制，并证明了这一事实；在想象中，雕塑家看到了雕塑的样子，并开始在大理石上精心雕琢。当然，想象并不局限于艺术家和天才的作品，它还被用于我们的日常活动中。在想象中，我看到了某种行为的结果，这导致我放弃了它；在想象中，我构建了一种生活理念，并寻求实现它；在想象中，我感受到不幸者遭受的痛苦，这驱使我去帮助他们。我想不出什么不是由想象所激发的行径。如果我试着想象字母“q”的发音，就会发现自己的舌头已经做了发音的准备动作。

弗朗西斯·高尔顿爵士的研究

在1880年之前，人们还认为任何正常人都能对出现在感官中的任何事物形成某种意象。他们还不知道不同个体间存在着巨大的差异，也没有发现有些人能在想象中轻易地看到曾经呈现在眼前的东西，但无法形成任何声音的心理意象；而另一些人能形成声音的明显意象，却无法形成视觉的心理意象。1880年，弗朗西斯·高尔顿爵士进行了一项研究，揭示出人们在塑造各种意象的能力上存在着惊人的差异。他还发现，能形成清晰的视觉意象的人数远远超过了能形成清晰的听觉、触觉意象的人数。

这位研究者的调查结果已经得到了许多人证实，他的研究结论似乎并没有什么特别之处。但十多年来，美国西北大学每一位心理系学生一直都在记录自己的心理意象质量。他们的报告最终证明，智力正常的人士在心理意象上的确存在着巨大的个体差异。这一事实极为重要，任何对人类心智研究有兴趣的人（包括本书的每位读者），都应该认真考虑心理意象存在个体差异这一问题。

在那十年中的每一年，每一位心理系学生都会被要求试着回想一番他们昨天的早餐餐桌，尽可能让其形象生动地重现在面前，然后在报告中对它的所有细节进行完整且生动的描述。（我们建议每一位读者在读到此处时暂停一下，试着想象自己前一天早上的餐桌，然后尽可能仔细地回忆那个画面。）每位学生还被要求描述他脑海中火车和橄榄球比赛的心理意象。

接下来我将介绍一些非常特殊的报告。它们描述的都是极端情况，但每一种都在学生提交的数百篇报告中多次出现。

第一篇报告是由一位拥有非凡演讲才能的学生完成的，他的描述呈现出明显的视觉意象。

视觉意象的极端示例

“当我书写这段文字时，各色菜肴整整齐齐地出现在我面前，就好像正摆放在我周围一样。杯垫、面包、土豆和咖啡都泛着光泽，色彩鲜明。我还看到了一些细节，例如肉排的一边是脂肪，另一边是瘦肉。坐在我对面的朋友的形象也非常清晰。”

接下来的这篇报告会让常人觉得难以置信，它与前者形成了鲜明对比：

“‘早餐桌’一词并未在我的脑海中唤起任何视觉意象，但我完全理解这个词的意思。”

下一篇报告是如此令人信服，以至于它唤起了大家对那些只能看到实际存在于面前的事物，却无法对之进行回想的可怜人的同情。

“我努力想象早餐桌的结果如下：当我第一次闭上眼睛时，我依稀看到了面前的桌子。但当我把注意力转向它，并努力更清楚地观察时，桌子就消失了，我的脑海中只剩下一片漆黑。我看不到任何颜色。眼睛是睁开还是闭上似乎也没有什么区别。而在我睁眼一段时间后突然闭上双眼，我就会看到一个模糊的画面一闪而过。画面中，我似乎坐在桌子旁边，昏暗的灯光在房间里只出现了一会儿。接着，房间再次陷入黑暗，微弱的灯光下，我只能看到桌子的模糊轮廓。”

这里我要指出，这段引文源自一位大四学生的真实报告。这篇关于早餐桌的报告体现出的问题，在他以其余事物为想象对象的报告中也是一样的。

听觉意象的极端示例

下面这段论述引自一位强于听觉意象但弱于视觉意象的学生的报告：

“当我想到早餐桌时，我似乎无法形成一个清晰的视觉表象。我能看见桌子有多长，也能看见桌子边上的三把椅子，但我看不出它们的颜色和形状；我能隐约看到桌子上铺了白布，上面摆了一些东西，但我看不到桌布的图案，也看不清任何食物的样子。但我能清楚地听到碗碟和银质餐具的碰撞声，以及用餐者的谈话声和其他杂音，比如每天早晨我们吃早饭时附近的火车驶过的声音。此外，在对足球比赛的回忆中，我能清楚地捕捉到场上的喧闹声，但无法真切地看到任何人或物；我能感觉到观众紧张时屏住呼吸的安静，以及听到球队得分时众人激动呐喊的喧嚣；我甚至能注意到那些声音在音调上的细微差别。”

接下来是一位听觉意象能力弱的学生的报告：

“我不确定是否听到了火车的声音。对我来说它好像是无声的。我也很难想象出铃铛的声音。我能看见铃铛在来来回回地晃动着，上一秒仿佛听到了它在叮咚作响，但还没等我反应过来，那声音就消失了。当我试图想象呐喊声的时候，我就像是个在黑暗中摸索的人一样毫无头绪。我根本不能保持对某个声音的认知。”

运动意象

虽然大多数人更熟悉视觉意象和听觉意象，但也有一些人更熟悉动作的意象，即所谓的运动意象。这一点将在下面这位学生从运动角度出发的报告中清楚地展现：

“当我读出‘铁路列车’这个词的时候，我看见一列火车正稳稳地停靠在站台边。我能看到人们陆续上车，但他们的身影却模糊不清。换句话说，我所看到的更多的是他们的运动，而不是他们本人。我能感觉到自己也上了火车，找了个座位坐了下来。我听不到火车行驶的声音，但隐约能听到列车员在报站名。我认为自己的心理意象更倾向于运动意象型，而非其他。虽然我能清楚地看见某些事物，但我似乎对它们的运动更为敏感。”

在我们看来，那些心理意象与我们不同的人的行为举止似乎有些怪异。下面这则片段来自一位倾向于使用运动意象进行思考的学生的报告，他在文中提到了自己的一些学习方法和童年经历等，但这些在常人看来十分奇怪：

“我的心理意象似乎是具有极强位置感和方向感的运动意象型。我的视觉意象很薄弱。如果要对一张熟悉的面孔形成视觉意象，我必须持续关注那张脸上的不同面部特征，但我无法直接构想出整张面孔。比起直接记忆某个字，如果我用右手食指在左手掌心描出它的形状，那么这个字就会更长久地印刻在我的脑海里。一提到我所熟悉的某个作者或某本书，我能回想起的是那本书在书架上的位置，而不是它周围的模样。我头脑中一直有一个罗盘上的方位基点，虽然它经常出错。在芝加哥的城市里，我唯一的向导就是自身的方向感，靠它我从未迷路过。我怀疑，我有能力根据所处的街道或邻近的大楼来定位我熟悉的建筑物。看到那些代表着我所见过的事物的词语，我脑海里会浮现它们的方向和位置。其他词语则总是和发音的感觉联系在一起，当我书写每个字母的时候，会把它们在头脑中默念出来。我还记得年少时曾经击发了一把左轮手枪。我至今还记得扣下扳机的感觉，但却不记得之后发生了什么。”

也有许多学生发现自己无法想象出任何形式的运动。如果让他们回想赛马时马蹄的运动状态，他们就只能想象出像照片一样的静态形象，而无法构建出动态的画面。当他们试图想象比赛中的一个短跑运动员的表现时，他们只能想象出他的某个空间方位，比如一只脚在地面上，而另一只脚抬在空中并时刻准备落下，但他们无法想象出连续的动作。

心理意象的各种形式

许多人可以形成清晰的触觉意象和痛觉意象，而有些人则不能。下面这则片段来自一个学生的报告，他的视觉意象很薄弱，但他的听觉、痛觉和触觉的意象都极为出色。

“当回想起那场我亲眼所见的火灾时，我能听到教堂敲响的警钟，并能清楚分辨出它的每一个低音和高音。现场各种混杂的声音不断袭来——镇上不同区域传来的哭喊声，人行道上奔走的脚步声，甚至还有我自己和从我身边跑过的人的呼吸声和喘气声。我没法想象出火灾现场的样子，但能听到玻璃窗受热破裂的声音、大火熊熊燃烧时的呼呼声，以及人群绝望的呐喊声。这是一幅以噪声为主的混乱画面。在想象中，我能轻松看清熟人的面孔，但听到他们的声音会更加容易。用吉他为曼陀林小调伴奏时，无论是否掺杂有其他乐器，我几乎都能获得同样多的乐趣。我的想象力给我提供了乐章中所有缺失的部分。面对一首用钢琴或口哨难以演奏的曲调，我可以边听边为之伴奏。在我的想象中，每一个音符都是生动的。至于触觉意象，它们在我听到对外科手术的讲述时会极为生动。如果听说有人摔断了一条腿，我的那条腿也会感到疼痛，我甚至会开始害怕用那条腿走路，以免弄伤它。如果我看到一只苍蝇在别人身上爬来爬去，我就会有强烈的想要赶走它的欲望，且只有用力摩擦自己身上的相应部位才会感到轻松。”

许多人发现自己无法回想起一朵花的香气，充其量也只能在刚刚闻过后存留一会儿。还有许多人似乎无法想象出他们享用过的食物或饮料的味道，而有些人则生来有这种能力。

结　论

通常，我们无法知晓其他人的思考模式，但我们可以得知他们心理进程的结果，而我们通常也只关心结果。我们几乎不会去辨别自己的思考模式，却已经假定自己的思考模式与其他人一样。因此，无人关注这一研究主题。在所有这些参与研究的学生中，没有人认为自己的思考模式与他人不同。对甲来说，世界呈现为一幅宏大的全景图；对乙来说，世界是一连串的声音；而对丙来说，世界更像是运动的有机体。一些人对所处环境的某一方面印象深刻，而另一些人则被其他方面深深吸引。对这个人有吸引力的事物，对另一个人而言可能平淡无味。一个事物可以使这个人激动不已，但放到另一个人面前就乏善可陈。每位演讲者都倾向于使用他本人印象最为深刻的意象形式，但这种意象形式对听众来说可能毫无意义。历史上，一些杰出的演说家会使用一种特定的意象形式，而另一些则诉诸几种不同的意象形式。由于演说家是如此依靠他演讲时所用的特定意象形式，而他对意象的选择又在很大程度上有赖于听众的想象力，因此，心理意象研究给所有演讲者提供的价值是不言而喻的。在另一章中，我们将思考心理意象这一主题与演讲者、雄辩术以及其他艺术再现手法和形式的关系。

第二章

演讲中的心理意象

演讲与想象

通常而言，人们并不认为演讲、诗歌和哲学这三者之间存在什么共同之处。他们觉得想象只是诗歌和演讲的装饰品，与哲学更是毫无瓜葛。但是，这种观点是错误的，而且大错特错。哲学与演讲、诗歌功能一样，都旨在揭露现实，而达成这一目的则都有赖于想象。哲学家在想象中看到普遍规律的支配地位，并努力对其加以宣扬；诗人在想象中看到绝美景致，并竭诚传达这种梦幻；演说家在想象中看到了伟大真理的存在，认识到它对人类的重要性，并在这一念头的推动下，对人们阐释已经向他揭开一角的真理。想象带来的不只是表面的文饰——那是它所有功能中最无足轻重的，其真正重要的功能，是向我们揭示现实的无数种形式。

想象在思考中的地位

现代心理学告诉我们，人们所谓的视觉、听觉、触觉等感觉占据了想象运作过程的一半以上。当我把目光转向一块大理石时，我似乎能看到它的光滑，但实际上光滑是不可见的，只有通过触摸才能被感觉到。当我似乎是在运用眼睛来感知光滑时，实际上还补充了想象。当我坐在房间里，听到街上传来的噪声时，我觉得听见了一辆马车驶过，但实际上我感知到的只是声音，是想象补充了对声音的解释。

想象在感知中起的作用与它在判断中起的作用一样大。当我在说阿尔卑斯山的马特洪峰比美国落基山脉的派克峰更雄伟时，我在想象中看到了这两座山峰，并比较了它们的心理意象。当我在判断牛排比肥猪肉更美味时，我脑海里形成了牛排和猪肉的心理意象，并且认为其中一种比另一种更令人愉悦。

推理常常被视为人类头脑最高等的功能，许多人认为推理过程与想象毫无关系。然而，事实并非如此。任何纯粹理性的行为都离不开想象。有个朋友问一位科学家：当钢笔盖得太紧而无法拧开时，该如何用手把笔帽取下来？科学家的思考过程大致是这样的：他先在脑海中构建了钢笔和卡住的笔帽的清晰视觉表象。然后，他试着想象这支钢笔各种可能出现的情况。如果这不起作用，他就试着回忆金属（或橡胶）笔帽的不同性质，最后想到了“受热膨胀”这一点。于是，他在想象中看到，只要把笔帽浸在热水里，随着它渐渐膨胀，就可以毫不费力地将它取下来了。这种纯粹理性的过程在很大程度上就是想象的运作过程。

即使是在最深刻的理性作品中，想象的运作也起着主导作用。伊曼努尔·康德提出著名的“十二范畴”，靠的不是肉眼观察，而是想象。在思想和活动的所有领域中，想象都是真实且伟大的揭示者。因此，它在演讲中的地位也不言而喻。正是通过想象，我们为自己把握住了真实；也正是通过想象，我们向他人揭示了真实。演讲者就是能在想象真实和向他人揭示真实上胜过旁人的人。当他人从抽象表达中了解真实时，演讲者却能找到揭示真实的具体形式，并借此有效地向他人揭示真实。演讲者对想象的应用，不是为了让虚幻之物显得真实，而是要将真实之物以一种具体的形式呈现出来，使它以真实之物的身份吸引所有人。想象的目的不在于欺骗，而是为了得到更有价值的启示。

想象在情绪中的地位

想象在纯粹思维（感知、判断和推理）中的地位与它在情绪中的地位相同。每一位演讲者都试图唤起听众的情绪，但这种尝试往往是徒劳的。不同演讲者的煽情手段多种多样，且大部分都是模仿或偶然的产物。有些演讲者能成功制造出一种情绪，却无法制造出另一种，但他们无法解释自己缘何成功或失败。但总的来说，对情绪的唤起进行整体研究有助于我们理解一些演讲者常用的手段。

在这一研究中，我们最先观察到的是，情绪是由头脑中呈现的具体情境所唤起的。至于抽象的理论和概括，即便它们以最强烈的方式和最可靠的证明传达给我们，也无法唤起正常头脑中的情绪。我们还发现，新闻报道里更吸引人眼球的是对单个不幸者所遭受的痛苦的生动描述，而不是对数以千计的人死于洪水或战争这一事件的简要陈述。月黑风高，我独自一人在树林里蹒跚前行，忽然，耳边传来饿狼凄厉的嚎叫声，我不禁瑟瑟发抖。相比之下，单纯一块写着“饿狼出没！危险！”的警示牌完全无法让人心生畏惧。与之相似，记者们对易洛魁剧院大火①中受灾个体的可怕遭遇进行了细致的描写，并声称类似的悲剧还有好几百起，这些描绘累积起来，使得人们今天提起易洛魁剧院大火都还心有余悸。如果没有对个案的详细描述，而只有笼统的概述，那么读者可能也会承认这是一件可怕的灾难。但是，他们的这种观点是逻辑推导的结果，而不是情绪共鸣的产物。老一代的传教士能够唤起信众的敬畏和恐惧，靠的可不仅仅是单调讲述死后世界对罪人的惩罚。他们没有抽象笼统地平铺直叙，而是细致入微地描绘了“地狱”风光。他们口中的地狱由烈焰、硫黄等现实中存在的具体元素组成，每个信徒都或多或少地见识过这些事物。

也就是说，我们的情绪会被呈现在感官中的事物（比如森林里的饿狼）所激发，或者被其他容易想象的事物所激发。因此，那些我们还没有感知过的事物，或尚未在脑海中留下清晰心理意象的事物，都无法唤起我们的情绪。这一点对于演讲者的启示在于：如果没有将情感对象表现得足够清晰，使得听众能对它形成一个生动的心理意象，那就不要试图去激起听众的情绪共鸣。事物包含的情绪的强烈程度，以及它在听众心中唤起的心理意象的完整程度，将决定最终的情绪共鸣效果。我无法在脑海中形成上万人被洪水卷走或八百多人身陷火海的心理意象，但我能就单个溺水或被困于火

---

① 1903 年 12 月 30 日，芝加哥易洛魁剧院发生火灾，导致至少 600 余人丧生，超过 250 人受伤，造成了 1871 年以来芝加哥最严重的一次灾难，在当时可以称得上是陆地上的“泰坦尼克”事件。

灾的人形成非常生动的心理意象。我无法在脑海中对死后审判形成心理意象，但我能就一个或几个受刑者的具体情况形成心理意象。我听说纽约的农民一年能种下近百万朵雏菊，这一消息吸引我的理性思考，但无法引起我的情绪共鸣。在我拜读彭斯的《致山中雏菊》时，诗中描绘的场景宛若画卷一般在我眼前铺开，而这显然是情绪性的。因此，要唤起听众的情感，演讲者首先要拥有一个清晰的心理意象，而后，他要通过叙述，让听众能在脑海里形成这一意象；否则，无法实现预期结果的演讲只会让演讲者和听众双方都失望不已。

对事件的描述能反映出心理意象的性质

目前，我们已经认识到想象力是理性思考和情绪共鸣的必要条件。在上一章中，我们看到，有些人的想象能产生强烈的心理意象，而另一些人产生的心理意象则相对较弱。大多数人拥有良好的视觉意象，但也有一些人的视觉意象是模糊不清的，甚至是无效的。其他形式的意象亦是如此，但这种强度差异在不同类别意象中出现的频率有所不同。出现频率从高到低排序如下：视觉、听觉、运动、触觉、嗅觉、味觉、痛觉和温度。

我们的观察和描述似乎取决于我们心理意象的性质。举例来说，如果战场上有一群记者，他们各自拥有不同形式的心理意象，那我们就能读到一批风格迥异的报道。有的记者关注庄严整齐的军装、寒光闪闪的刺刀、喷吐火光的枪炮、伤员脸上的痛苦表情和远处硝烟弥漫的敌方阵地；有的记者会着重描写大炮的轰鸣、军号的吹奏、战鼓的鼓点、军官的号令、垂死者的哀号和救护者的安慰；有的则书写冲锋的骑兵、挥舞的旗帜、腾跃的战马以及败退的敌军；还有的则会讲述剑刃的锋利、硝烟的气味、食物的短缺、伤口的疼痛和战壕的闷热。可以说，记者们各自的主导心理意象决定了他们的报道风格。

诗人马斯顿的心理意象

许多人认为，个人心理意象的形式极大地影响了我们描述事件时的倾向。因此，只要通过阅读某个作家的作品，我们就可以知道他的意象形式。下面的引文来自一位双目失明的诗人菲利普·伯克·马斯顿①。显然，作为一个盲人，他完全无法形成任何视觉意象，我们可以从他对花园的描述中窥见这一事实。他确实有两次提到了视觉（天空暗下来了/红色的罂粟花），但这些对他来说大都是一种语言上的模仿，没有真正的意义。

花园中的玫瑰一枝枝凋零
——如之奈何？
寂夜寒风，没有半点怜悯和宽恕，

① 菲利普·伯克·马斯顿（1850—1887），英国诗人，幼年失明，出版诗集有《歌的潮流》《总而言之》和《风之声》。引文选自《菲利普·伯克·马斯顿诗集》中的诗篇《破败的花园》。

吹到这里，吹来死亡。

所有为我歌唱的鸟儿，都散落在草丛中。
呜呼哀哉！
红雀、黑鹂、画眉和知更鸟，
全翅膀僵硬。
哦，我的花园！
空荡阴郁，荒废凄凉；
哦，我的花园！
一年四季，人迹罕至。

哦，我的小鸟！卧在巢中，
身体却已冰冷！
死亡朝她俯下身去，
天空暗了。

该怎样，才能让下轮夏季的，
玫瑰甜美绽放，
花园鸟语花香？
我，茫然无措。

曾经宁静怡人的花园，
已被抛弃给风，肆意袭扰。
树莓、葡萄藤和野蔷薇，
交错相生，荒烟蔓草。

我将踏上无人知晓的土地，
那是个遥远而寂静的地方。
没有鸟儿，没有玫瑰，
也没有树木。

没有果实生长，没有春暖花开，
只有一行行沉甸甸的红色，
那是孕育着寂静的，
盛开的罂粟花海。

在那里，我将不再悲伤，
也无须担忧，
明天的苦难，
和将来的坎坷。

对事物的鉴赏取决于心理意象的形式

在一个主要依赖视觉意象的读者看来，诗中对人间花园和神圣天堂的描述似乎极其苍白且缺乏感情色彩。而对于一个心理意象以听觉、触觉、嗅觉和温度为主的读者来说，诗歌不仅语言饱满，还能让人为之动情。

我们喜爱能够唤起自己主导意象形式的摹写，而非那些需要陌生意象形式的描述。那些无法形成必要的视觉意象的人在品读了维克多·雨果对滑铁卢战场的经典描写后，只会觉得兴致索然。

如果演讲者试图使用非主导的意象形式，那么就很容易在无意间犯下荒唐的错误。例如“爱尔兰的苦难之杯早已流尽，但还没有满溢”这句话。许多听众会略过这句话，因为他们缺乏能够解释文字、赋予意义的心理意象。

接下来的一段引文选自《仲夏夜之梦》。缺乏视觉意象的读者可能会读得十分严肃认真。因为所有与颜色有关的词语都无法在他脑海中转化为视觉。这虽然不会带来不协调感，但这段文字无法让他像普通读者那样会心一笑：

皮拉摩斯啊，快醒醒！
说呀！说呀！哑了吗？
唉，死了！一堆黄沙
将要盖住你的美睛。
嘴唇像百合花开，
鼻子像樱桃可爱，
黄花像是你的脸孔，
一齐消失、消失了，
有情人同声哀悼！
他眼睛绿得像青葱。①

在现实生活中，我们对眼睛的使用要比其他任何感官都要频繁。无须其他，仅凭视觉，我们就能识别衣服、工具、朋友、食物和饮料。但少了任何一种感官，都会导致我们无法充分地欣赏这个世界。不幸失明和失聪的人就少了很多常人所能享受到的知识和乐趣。当我们厌倦了长时间使用同一

① 引文出自英国剧作家莎士比亚的《仲夏夜之梦》第五幕第一场，译文节选自朱生豪译本。

感官时，为了休息，我们就会把精力转移到另一种感官上。在运用想象时，相似地，我们通常会从某一类意象中获益良多。但其他类型的意象至少也起了次要作用，它们对充分揭示世界的真实也是十分必要的。我们倾向于使用自己所依赖的意象形式，但只持续使用一种意象形式会让对方感到单调乏味。同时，单一的意象形式也不足以揭示全部的真理，因为没人会将自己的思想局限于一种意象形式。

我喜欢的能触动人心的演讲者，是那些主要诉诸听众的主导意象形式，又能通过频繁使用听众心中的所有意象形式，来让演讲不那么单调乏味的人。我们通常认为，那些成功的演说家、作家和议长都具有超强的视觉意象，且其他形式的意象也很发达。最新的调查发现证实了这一假设。

莎士比亚和弥尔顿的心理意象

在对英语世界中最伟大的两位作家——莎士比亚和弥尔顿进行研究后，鲁本·波斯特·哈勒克教授①发现他们都拥有异乎常人的心理意象。他指出，我们在解读两位作家的作品时所持有的心理意象，必须与他们写作时所拥有的清晰心理意象相似。例如，人们认为弥尔顿在写下这段话时，他的脑海中存在一种嗅觉意象：

清晨，在清晨的气息中

---

① 鲁本·波斯特·哈勒克（1859—1936），美国学者，著有《美国文学史》《哈勒克的新英文文学》等。

唤醒沉睡的树叶。

而他在写这几行诗时，脑海中就又有了一种味觉意象：

她如是说道，又忙着转过身去，
面色急迫，全心思考招待事宜，
怎样挑拣上等的食材，
调和其风味，化粗劣为细腻，
务求按自然规律进行佐配，
一样接一样，有条不紊，回味无穷。①

下一句话的作者是莎士比亚。他在写作时，脑海中有着清晰的触觉意象：

情人比蜗牛的触角还要敏感柔嫩。②

在构思这一段时，莎士比亚明显在思考温度的意象：

啊！谁能单靠心念高加索山的皑皑白雪，就敢手握烈焰？

谁能仅凭脑海里的宴席，来填满腹中空虚？

又有谁能幻想着炎炎夏日，在十二月的冰雪中安然坐卧？③

我认为没有人能够完全领会接下来的这段文字，除非他

① 引文出自弥尔顿的《失乐园》第五卷，译文选自朱维之译本。

② 引文出自莎士比亚的《空爱一场》第四幕第三景，译文选自梁实秋译本。

③ 引文出自莎士比亚的《利查二世》第一幕第三景，译文选自梁实秋译本。

能想象出弥尔顿在写下这段文字时所听到的声音：

听，号角齐鸣，猎犬狂吠，
愉快地唤醒了清晨的酣睡，
那荒山之坡，高林之丛，
都在回荡着尖锐的响声；

同时农夫在左近扶犁，
吹着口哨，耕着田地；
挤奶女郎正唱得高兴，
刈草工人在磨刀不停；①

同时，那两腿传粉的蜜蜂，
边忙边唱，在花木之间，
小河流水，水声潺潺，
这些和其他安静的声音，
会引来轻盈似羽的睡神。②

下一段文字中，莎士比亚描述了他在想象中所看到的情境：

亭亭的莲馨花是她的近侍，
黄金的衣上饰着点点斑痣；
那些是仙人们投赠的红玉，

---

① 上述两段不连续，译文选自殷宝书《弥尔顿诗选》中的《快乐的人》。

② 译文选自殷宝书《弥尔顿诗选》中的《幽思的人》。

中藏着一缕缕的芳香馥郁；
我要在这里访寻几滴露水，
给每朵花挂上珍珠的耳坠。①

研究发现，除了上述段落，还有大量相似的文字，它们的创作和解读同样需要良好的心理意象。要想吸引听众，演讲不能只触动某一类特定的心理意象，而是需要频繁交替使用各类意象。不过，大多数演讲者仍然倾向于使用视觉意象。

威尔弗里德·雷教授②曾试图确定几位著名作家的心理意象的形式。他以丁尼生的《杰兰特婚礼之歌》（*The Marriage of Geraint*）和勃朗宁的《指环与书》（*The Ring and the Book*）的前1000行作为研究对象，统计了这些文字中不同类别心理意象的出现次数。研究结果如下：

前1000行中的意象	丁尼生作品中的案例数	勃朗宁作品中的案例数
视觉意象	83	107
听觉意象	48	40
嗅觉意象	0	2
运动意象	1	10
温度意象	1	3
触觉意象	7	11
味觉意象	0	4

某些选文会用几行文字对单一事物进行描述，且只使用

① 引文出自英国剧作家莎士比亚的《仲夏夜之梦》第二幕第一场，译文节选自朱生豪译本。

② 威尔弗里德·雷（1872—1955），美国心理学家，著有《人的无意识冲突》《儿童的潜意识》等。

一种意象形式。下面这一段丁尼生的作品，几乎只用使用视觉意象就足以打动读者：

> 风起云涌的天空，
> 在空旷大地上投射出追逐着的光与影，
> 但都不及伊妮德脸颊上，
> 潮红与苍白的交替。①

这些结果彰显了著名作家使用心理意象的频繁性和普遍性。

知名演说家的心理意象

最近，美国西北大学进行了一项研究，调查世界上最伟大的那些演说家对心理意象的使用。不用多说，研究结果与前文关于作家的结论基本一致。演说家经常使用不同形式的心理意象。相比其他形式，他们对视觉意象的使用更为频繁，但也不会放弃其他形式。演说家丹尼尔·韦伯斯特、温德尔·菲利普斯和爱德华·埃弗雷特就经常使用听觉意象和运动意象。总体看来，大部分演说家都擅长使用包括视觉意象在内的各类意象形式。

不同来源的证据似乎一致说明，演讲者应该特别注意想象的培养和运用。每一位演讲者可能只有灵活运用自己最擅长的那些意象，才能最好地完成演讲，而那些在作者本人的

---

① 节选自英国维多利亚时代著名诗人阿尔弗雷德·丁尼生的作品《杰兰特的婚礼》。

脑海中都不生动的想象，就更不可能在听众心里形成清晰的情景。一个没有听过炮火轰鸣的人，是不可能写出感人的战争故事的。交替使用不同形式的意象，不仅能缓解使用同一意象带来的单调感，特定形式的意象还有助于某些真理的表达和特定效果的实现。雷鸣比电光更令人害怕，野狗的嗥叫声也比它露出牙齿的样子更为吓人。同样，那些唤起听觉意象的表达比那些唤起视觉意象的表达更容易营造出恐怖气氛。因此，为了实现不同的目的，需要运用不同形式的意象。昆体良将“演说家”定义为做好发言准备的人，但从未有人完全做好讲述全部真理、揭示其全部说服力的准备，因为也从未有人能够运用所有可用的心理意象形式来为真理披上外衣。

需要发展心理意象的新形式

如果一只小鸟在它生命的第一年里没听过任何同类的啼鸣，它就永远不能准确地唱出自己所属物种的歌声。与之相似，我们大部分的心理机能早在生命初期就发育完备，否则我们的技能就永远不会成熟。儿童时期是发展不同形式的心理意象的最佳时段。如果不在这一适当时期发展心理意象，那么人生往后能使用的心理意象即便不是最完全的，也需要投入大量精力。人们普遍认为，只要持续不断地关注新的心理意象形式，就可以在一生中发展各种形式的心理意象。作家可能会偶然或习惯性地忽略了某种意象形式，而对心理意象新形式的关注，会使他的创作更加丰富完整。

第三章

现代情绪理论

小说家的情绪描写

相较于其他一些对心理过程的研究，专业心理学家们并没有在情绪这一主题上投入太多精力。然而，一些杰出的小说家、诗人和剧作家，通过对情绪的出色描写，弥补了这一空白。这些天才作家的伟大之处就在于他们对人心的洞察和把握。

对大多数人来说，情绪理论十分无趣。他们所津津乐道的是经典小说中附带的具体情绪描写。我们对人类情绪的分类不感兴趣，而对小说爱不释手。这些作品对个人情绪的细腻描写，使我们感同身受。只有去体验情绪，才能理解情绪。小说家的技巧高明之处就在于他呈现情绪的方式，即让读者切身感受到爱人的缠绵和复仇者的恨意。

我们很难对情绪下一个确切的定义。这些定义也对我们了解情绪帮不上大忙。当有人提到恐惧、愤怒、憎恨、爱恋、同情、期望、失望等情绪名词时，我们都知道对应的感受是什么，因为我们都曾有过恐惧、憎恨、愤怒、爱恋等体验。每一种体验都有欢乐或痛苦的成分，这带来的身体反应或强或弱，但造成的头脑反应在强烈程度上都是不寻常的。

对每一位演讲者来说，认识情绪是最基本也是最重要的能力，因为演讲的成败基本取决于演讲者激起听众情绪的本事，而不在于他教给听众知识或改变听众意志的能力。在本章中，情绪这一主题举足轻重。笔者也将试图提出一套情绪理论。虽然它会为读者带来理解上的些许困难，但能让演讲者们受益匪浅。

詹姆斯-兰格理论简述

这套理论就是詹姆斯-兰格情绪理论①。它的名称源自同时创立该理论的两位专家的姓名，即哈佛大学的威廉·詹姆斯教授②和哥本哈根大学的卡尔·兰格教授③。这一理论在大约三十年前④被提出，一经面世就饱受争议。事实上，当时几乎所有人都在反对这套理论。然而，三十年来，它经受住了批评者们最为尖刻的攻击；到了我们所处的时代，它

---

① 亦作“詹姆斯-兰格情绪说”，是美国心理学家威廉·詹姆斯和丹麦生理学家卡尔·兰格于 1884 年和 1885 年先后提出的内容近似的一种情绪学说，他们强调情绪的产生是植物性神经系统活动的产物，主张“当身体产生（生理）变化时，我们感受到这些变化，这就是情绪”。

② 威廉·詹姆斯，美国心理学之父，美国本土第一位哲学家和心理学家，也是教育学家、实用主义的倡导者，美国机能主义心理学派创始人之一，亦是美国最早的实验心理学家之一。

③ 卡尔·兰格，丹麦内科医生和生理学家，曾任哥本哈根大学病理解剖学教授，以其情绪理论而出名。该学说认为，情绪只不过是对于身体所发生的变化的感觉，如果没有了身体变化，就没有情绪；身体变化在先，情绪体验在后。

④ 指 1884—1885 年。

已经被我们广泛接受。下面我将介绍该理论的内容和支持它的论据。

如果一位地震灾难的亲历者能够在地震时观察自己的心理过程和生理动作，他可能会说，当大地开始震动时，他眼前、他脚下的房间开始上下颠簸，难以言表的恐怖立马攫住了他。他坚称，在这种感觉之后，他的心跳停了好一会儿才逐渐恢复。他先是呼吸急促，紧接着气喘吁吁；他接着开始颤抖，脸色苍白，整个人几乎要蜷缩起来，最后无力地倒在地上抽搐。他认为所有这些生理表现都是由恐惧情绪引起的。然而，根据詹姆斯-兰格情绪理论，这一说法是不正确的。该理论将颠倒上述事件的顺序，认为颤抖等生理动作发生在情绪产生之前。这样一来，事件应该遵循如下顺序：首先，他感知到了地震的发生（这是一种理性判断而不是感性认识），接着，他的心脏、肺部、肾上腺和肌肉活动本能地出现变化；最后，他产生了被称为“情绪”的心理状态。

这样一来，生理反应不是情绪的表达，而是情绪产生的原因。正如詹姆斯教授所说，我们先感知到刺激性的事实，然后才开始发生生理变化，最后才出现情绪，它是我们对这些生理变化的感觉。“依据常理，当我们倾家荡产时，我们就会难过哭泣；当我们遇到棕熊时，我们就会抱头鼠窜；当我们被对手羞辱时，我们就会怒不可遏，甚至大打出手。本文要辩护的理论假设则会说，这种顺序是不正确的，一种心理状态不会立即诱发另一种，首先必须要有生理表现介于两种心理状态之间。因此，更合理的说法是：因为我们在哭泣，我们才会心存悲伤；因为我们动了手，我们才会暴跳如雷；因为我们在颤抖，我们才会心惊胆战；而不是因为我们感到难过、生气和害怕才会流泪、斗殴和发抖。如果生理状态没有在感知之后出现，那么后者将是纯粹的认知形式，苍白乏味，缺乏情绪的温度。这样一来，我们一看到棕熊，就会判断最好要逃跑；我们一受到侮辱，就认为应该展开反击——我们就不会感到恐惧或愤怒了。”在这段话中，詹姆斯教授的观点看似荒谬，实则自有一番道理，因为他不仅引起了人们的注意，还在大多数读者心中激起了对该理论的反感。例如，在“因为我们动了手，我们才会暴跳如雷”这句话中，“打斗”一词暗指所有与愤怒有关的生理表现，比如血液直冲头部和面部、血液循环加快、排汗增加、肌肉不自觉收缩等。

如此大胆的陈述方式必然会遭受严重批评，除非能拿出令人信服的论据支持，它才会有那么一丁点儿成功的可能。詹姆斯教授提出的关于他理论构想的论点具有累积效应①。对某些读者来说，某一个论点得到了充分论证，而在其他读者眼中，得到充分论证的是另一个论点。而下文的四条论据应该被视为累积证据，而不是四个相互独立的完整论证过程。

论据一：皮肤颤抖和昏厥

某些特定的感知确实会在唤起某种情绪或情绪观念之前，通过直接影响人体，产生广泛的生理效果。在听音乐

① 此处和下文的“累积”指一个论点建立在某个先前提到的论点的基础上。

时，大多数人会惊讶地发现自己的皮肤在不自觉地颤抖，特别是在脊椎区域，这种情况尤为明显。在许多情况下，人们对这段音乐并不感兴趣，自然也没有在颤抖之前产生过什么情绪波动。恰恰相反，颤抖似乎是紧随着对音乐的感知而出现的。类似的事情在我们聆听演讲、戏剧或任何形式的英雄故事时也会发生。

在某些情况下，我们会对突然涌出的泪水感到惊讶甚至尴尬。这是因为在酝酿出足以令人感动落泪的情绪之前，眼泪就先一步流下了。

在某些情况下，小孩子并不怕见血，但他们看到流血时可能会产生最极端的生理反应。举个例子，孩子们上一秒可能还在毫不畏惧地用血来涂鸦玩耍，下一秒就会昏倒在地。很多人都很好奇到底是什么导致了昏厥。在这些情况下，生理反应似乎先于情绪而产生。

论据二：病理性情绪

就和受到某些情绪的影响一样，我们的血液循环、呼吸系统、肌肉弹性等，也会受到由疾病等原因引发的生理状况变化的影响。在这种情况下，情绪会自发地随之产生，因此我们会无缘无故地陷入恐惧、自我陶醉等病理性情绪中。由于生理紊乱，人可能会出现喘不上气、心跳加快、心脏功能下降、肌肉紧绷并导致身体蜷曲等症状。在这种情况下，他实际上产生了恐惧的情绪。在另一种情况下，疾病造成的生理变化与自我陶醉情绪引起的生理反应相同。此时，病人不但不会因自己的痛苦而意志消沉，反而自鸣得意，即使他只住在一个贫穷的农场。某些病理性情绪患者能够意识到自己的情绪是错误荒谬的，但在他可以控制自身的生理反应之前，他几乎不可能克服这种情绪。情绪似乎是由生理变化引起的，它的实质似乎就是个人对出现的生理变化的感受。

论据三：　对生理变化的感受

现代研究的成果之一就是使大众注意到许多生理变化，它们不时在人体内发生，具体包括：腺体与肌肉的活动、消化过程、呼吸过程、排汗过程、循环过程以及血管舒缩系统的肌肉收缩等。其中，许多生理变化是无意识进行的，通常我们不会注意到它们；而另一些则由个人意志而产生，还有一些由人为的机械刺激或电击刺激而产生。研究发现，所有这些生理变化都对意识有着直接影响。没有见识过这些变化的人，会震惊于这些生理变化能够被感受到的程度。各位读者，你可以先试着像微笑时那样收缩面部肌肉，并伸展胸部，尽可能地收缩全身的伸肌①。这样做出的笑脸效果极好，你会觉得它就是快乐情绪的绝佳表达。接着，请你瘫坐在椅子上，垂头奋脑，愁眉苦脸，含着胸细声说话，同时尽可能地收缩全身的屈肌。效果立竿见影，不是吗？做出这些生理动作后，你立刻就能感受到它们。

---

① 伸肌为骨骼肌的一种，是指收缩运动中引起关节处骨骼伸展的肌肉，与屈肌成对出现，作用相反。上臂的肱三头肌和肱二头肌就是一组伸肌与屈肌。

通过少量的练习，以梦境为研究对象的学生就可以学会在睡梦结束之后立刻苏醒，并对梦境做出完整的描述。同样，致力于情绪研究的人能够中断自身的某些情绪并观察其性质。例如在忧心忡忡时，研究者会发现自己的皱眉肌①在收缩，并导致前额出现竖直的皱纹。只要他主动皱起眉头，心中很容易就会浮现出担忧的情绪。当一个人陷入尴尬，他就会发现祸根在于喉咙——喉咙真的出现了肿胀。

证明三的要点在于，我们的身体会出现各种各样的生理变化，这些变化一旦出现，我们就能或多或少地感觉到。如果这种生理变化是在感知到情绪对象之后立即出现的，那么它们可能就是情绪产生的真正因素。

论据四：剔除生理变化后的情绪认知

詹姆斯教授将论据四视为其理论阐述中最重要的一环。该论据大致如下："我对许多情绪都抱有非常清晰的认知，但在我把对生理症状的感受从情绪认知中剔除后，我发现自己一无所有。若没有了构成情绪的'心理素材'，情绪也就不复存在。如果说还剩下些什么的话，那就是冷漠的理性。我非常清楚什么是害怕，但当我在想象中回忆自己对害怕的认知时，如果我会剔除四肢颤抖、直冒冷汗、心脏悸动、呼吸困难、口干舌燥、毛发倒竖等生理症状，那么此时，我会意识到自身的情绪已所剩无几，只留有一种对有条蛇正缠绕

① 皱眉肌位于眉毛中间末端，是一块在额肌、眼轮匝肌之下的窄小、呈金字塔形的肌肉。

着我的四肢这一事实的冰冷认知。我发现，在我把脸上的微笑、怦怦直跳的心、逐渐发力的肌肉、舒展的躯体等伴随着快乐情绪出现的生理变化抽离后，我脑海里快乐情绪的意象就消失了。若我们从情绪中剔除所有对应生理症状的感觉时，我们的情绪观念也就几乎一无所有。因此，我们似乎可以得出结论：对这些生理变化的感受是情绪的实质。没有了这些感受，我们也就没有了情绪。”

“确凿”的证据

詹姆斯教授并不认为上述四个论据足以令人信服。他在1890年还发表了以下声明：“在另一方面，我们需要一个从内到外完全失去知觉，却不会使肢体瘫痪的主体。如此一来，激发情绪的事物依然会唤起这个主体的生理表现，但在被询问时，他会声称没有感受到主观情绪的影响。只有这样，该理论才说得上是证据确凿。”在那个时代，人们认为永远不可能找得到这样的病人。但在1894年3月的《哲学评论》（*Revue Philosophique*）杂志的报告中，有位病人在极大程度上满足了上述条件。这是一位44岁的男性。感觉缺失使他的皮肤和黏膜表面完全失去知觉。他的肌觉①消失了，饥饿感和饱腹感也不复存在。这名病患感觉不到自己的心跳和呼吸。正如他所说：“我对一切都麻木不仁，没什么东西能引起我的兴趣。我谁都不爱，也不恨任何人。”这句

---

① 肌觉指反映有机体肌肉运动状态的感觉，可向有机体提供其肌肉运动状况的信息，促使有机体调节动作。

话是如此包罗万象，乃至一个人最基本的本能。他不关心自己的家人，对医生所说的他可能康复的说法也毫不在意。他的主治医师在谈到这一病例时说：“没有什么东西能使他惊讶或害怕。他那对万事万物都无动于衷、冷漠无情的态度，与其感觉缺失的程度步调一致。因此，他的案例尽可能完整地实现了詹姆斯教授亟须的实验要求。”该案例的唯一缺陷在于病患的部分身体已经瘫痪了，因此无法产生某些生理变化，而这些变化是某些情绪的必要“表达”。然而，我们尚未发现病人完全失去知觉却没有彻底瘫痪的合适案例。

在 1905 年的《哲学评论》的报告中，有位病人表现出了十五年前詹姆斯教授预言的理想病例中的所有症状。这是一位自愿到法国巴黎圣安妮医院看病的女士，她抱怨自己失去了所有的情绪。她能做出情绪所有的外在表现。她可以在有趣的场合大笑，在悲伤的场合哭泣，但感受不到欢乐或悲伤的情绪。面对令人毛骨悚然的事物，她会脸色苍白、心跳加快，她的呼吸会因为恐惧而失常，她还会颤抖着蜷缩起来，表现出一切常人在害怕时的反应，但是她根本没有“害怕”这一情绪。她认识到自己陷入了一个可怖的处境，甚至冒出了“最好让我离开人世”的想法，但却并未对此产生任何情绪因素——她连“绝望”这一情绪都感受不到。

在她表现出所有这些情绪的生理症状的同时，她也为全身感觉缺失所苦。因此，当生理和心理状况发生变化时，她根本意识不到它们。她的视觉、听觉、味觉、嗅觉和触觉并未受到影响，但她感受不到痛楚和冷热，也失去了所有来自肌肉和脏器的感觉。

在遭到侮辱时，这位病人可能会立刻出现脸色涨红、肌肉紧绷、双手握拳的反应，但是这些生理变化并不是情绪的表达，因为病人并不会感觉到这些变化。出现生理变化的部位都处于感觉缺失状态，它们无法被患者所感知，因此这些部位的变化不会引起愤怒情绪。

本章仅仅介绍了詹姆斯-兰格理论及其论据。在接下来的几个章节，笔者将在该理论的基础上进一步展开对情绪的讨论，并阐释这一理论对于演讲者的重大意义。

综上所述，本章所呈现的是最广为接受的情绪理论，它也被研究情绪的优秀学生们衷心拥护。然而，笔者必须要承认，尽管这一理论有着许多论据和权威人士的支持，还是不要无条件地认可它。但是，它可以帮助读者理解情绪的产生和控制，因此对演讲者而言极具价值。在后续章节中，读者将会认识到暂时接受该理论的价值，尽管未来的研究将证明它只不过是对正确的情绪理论的部分陈述。

第四章

情绪及其表达控制

前文总结

上一章专门介绍了情绪理论。而在这一章，我们将讨论一些从理论知识推导出的实际结果。本章的论点是，当某些事物出现时，例如当天空突然划过一束闪电，我们就会做出一些众所周知的生理活动，而这些生理活动发生时，我们对它的感觉，就是情绪。生理感觉不是情绪，构成情绪状态本质的是生理活动发生时的感觉。这些生理活动包括了呼吸系统、循环系统、排汗系统、消化系统的所有运动，以及全身肌肉与腺体的活动。人在感知到某个情绪对象后，会本能地出现一些最为常见的反应，例如四肢颤抖、面色苍白、喉咙哽咽、心脏悸动、喘不过气、泪流满面、表情变化等。这里所使用的“对象”一词涵盖了记忆、期盼，以及物质对象对感官的呈现。

笑和哭的主动抑制

该理论有一个显著的例外情况，即当一个人在努力抑制住笑时，往往会让气氛更为可笑。根据我们的理论，笑的表达是其核心要素，因此抑制笑容就意味着消除笑。而这个例外就明显打破了我们的理论。

笑的核心要素不是通过视觉上更夸张的面部表情或听觉上更大的笑声来表达的，而是通过发生在人体重要器官（特别是血管舒缩系统）的微妙变化。我们对笑所做的主动抑制，实际上抑制的是那些比较明显的外在表达，它们并不是笑的核心要素。

当我们在抑制笑时，反而延长了这一人类最为基本的行为的持续时间。笑拥有一种会积蓄的力量。因此，人们会发现，被部分抑制的笑实际上让情景更为滑稽了几分。通过约束我们所能控制的笑的动作，我们延长了自己无法控制的那些产生情绪所需活动的持续时间。这样一来，表面上的抑制实际上扩大了情绪表达，会对情绪起到加强作用。

与之相似，悲伤亦无法从眼泪中得到解脱，这似乎同前文的理论相矛盾。笑的情绪只有在欢笑时才会变得强烈，悲伤也只有在流露时才显得沉痛。只有当情绪状态强烈难耐时，眼泪才会随之奔涌而出。经过流泪这种过度的生理活动后，神经系统将变得疲惫不堪，但也驱散了悲伤。一场“痛哭流涕”可以减轻痛苦和沮丧，结束原本可能要无限期忍受下去的生理活动。仅靠心跳减弱、血管收缩等方式表现出来的悲伤会对人体造成极其负面的影响。这并非因为缺乏情绪表达，而是因为情绪表达过于泛滥而伤身。悲伤是一种可以忍耐的情绪，但与快速耗尽并释放情绪相比，忍耐会催生出更为有害的结果。

假扮情绪的作用

如果一种情绪的生理症状是情绪产生的直接原因，那么如果我们主动去制造这些症状（尽管这种情绪的产生不合逻辑），会发生什么呢？答案必然会是：哭泣会产生悲伤，欢笑会产生快乐。我们很难在冷血无情的人身上制造出悲伤的全部生理症状，但是在某种程度上，我们可以制造出一部分，通过这些症状可以营造出真正的悲伤情绪。这并不是一种无法验证的理论陈述，但也没有充足的证据。要是有人试图在自己身上制造出某种他所熟悉的情绪的全部生理症状，他会惊讶地发现，如果这是第一次尝试，那么它确实能制造出那种情绪。与真正的情绪的生理症状相比，主动制造的生理症状可能会缺乏一些微妙的变化，就好比真正的打哈欠和模仿打哈欠的动作之间的差异。在这种准确制造症状失败的情况下，它只能部分地唤起情绪。

主动产生的某一情绪的生理症状会将这种情绪转化为真实。这一事实对于理解文明社会的重要风俗习惯极为重要。教会要求信徒要抱有崇拜的态度。长时间假扮这种崇拜的态度，就会产生真正的崇拜情绪。君主制政府要求臣民即使不是发自内心，也要做出跪拜叩首等等行为，以表现敬仰和忠诚。这些形式可以培养出对应的忠诚情绪。礼貌社会为人类提供了许多便利，它要求我们在面对那些泛泛之交，哪怕是我们鄙视的人时，也要表现得很顾及他们的感受。莎士比亚有句名言："即使你没有某种美德，也得假装有。"① 假扮美

① 出自《哈姆莱特》第三幕第四场。

德会让美德成真。我们会逐渐尊重那些自己鞠过躬低过头的人——要想建立对某人的尊重，最佳方法之一就是做出这种情绪对应的所有外在表现。要想与某人建立友谊，就要强迫自己把他当作朋友来对待。

如上一章所述，许多人能通过假扮出一副病恹恹的样子，或是表现得精神抖擞，来制造或消除忧郁的情绪。

演员如何调动情绪

不少戏剧角色要求演员一上台就爆发出强烈的情绪。这是一门很难的表演技艺，因为它并没有情绪正常展开的可能性。在这种情况下，一些演员会利用进场前的几分钟，通过想象自己要出演的场景或倾听自己出场前舞台上的对白来调动情绪。然而，也有很多人会主动表演必要的生理情况，来制造出对应的精神状态。据说，演员麦克里迪在扮演夏洛克的时候，为了激起必要的生理躁动，会恶狠狠地摇动梯子。许多演员也会使用相似的手段，比如先是直挺挺地站立，接着前后摇晃，或是打响指、咬紧牙关、低声咒骂等等。毫无疑问，部分平滑肌会在与之相连的骨骼肌①的带动下一同运动起来。因此，情绪所对应的生理症状的制造，在很大程度上是独立于要表演的角色的心理活动的。在这些手段的帮助下，演员们能成功调动起情绪，一站在聚光灯下，就能立马

① 平滑肌（involuntary muscle）指在自主神经的支配下的不受人意志控制的不可随意活动的肌肉；骨骼肌（voluntary muscle）指脊椎动物的受躯体神经系统直接控制的可随意运动的肌肉。

入戏，大获成功。

演员的情绪是真是假?

如果只靠假扮就能制造某种情绪，那么演讲者和演员就必然能感受到他们再现出的情绪。确实如此吗？一位演员能在不陷入愤怒的情况下扮演好一个怒气冲冲的角色吗？一位富有感染力的演说家，能够扮演出所有热情的表象，而实际上只是冷血地佯装情绪吗？根据本章的理论，我们会认为假扮某个角色就会产生该角色所表现出的情绪。所有的演讲者和演员都非常好奇这一问题。我们经常能看到不同年龄的伟大的舞台艺术家和演说家对它进行讨论。他们的言辞通常很温和，直到大约一个世纪前①，才演化成了激烈的争论。

这场争论似乎是由狄德罗②引起的。他在《演员奇谈》中这样写道：

“极度的感性造就中庸的演员，中庸的感性造就蹩脚的演员，感性的完全缺失则为杰出的演员铺平了道路。”

这里的“感性”指的无非是感受情绪的能力、变得情绪化的能力和感受表演出的情绪的能力。从狄德罗所在的时代开始，许多伟大的演员和演艺界权威都建议演员要拥有一种能力，即在表演情绪的同时自身不感受这种情绪的能力。我们能够找到许多关于成功演出的必要条件的权威意见，例如

---

① 指18世纪中叶。

② 18世纪法国唯物主义哲学家狄德罗（1713—1784），致力于《百科全书》编写工作。

卡万小姐[1]所说的“演员需要真实情绪少，伪装而成的情绪多以及感性的完全缺乏”[2]。

演员界似乎已经分成了两个学派。其中一派主要受法国文化熏陶，坚持认为演员不可能一边感受情绪一边在艺术上完成表演。该学派认为，理想的演员应该天生缺乏情绪性，同时擅长机械模仿。持反对意见的那一派则坚称，只有那些能真切感受到自己在观众内心唤起的情绪的演员，才能产生最好的观众效果。

知名演说家的观点

就这一至关重要的问题，我们有必要花点时间，来聆听一下著名的演说家和演员们的看法，然后再到现代情绪理论中寻找它可能提供的启发。在古代雄辩家和他们的学生中，首屈一指的无疑是西塞罗[3]。他在关于演讲的著述中说道：“听众不可能感到悲伤、愤恨、恐惧，或是怜悯垂泪，除非演讲者将所要表达的情绪，深深地印在自己的身上，就像把火焰般的文字，烙在自己的胸口……我敢保证，我从来没有哪次在努力激起听众们的悲伤、怜悯、嫉妒或仇恨的情绪时，不被自己想要传达给他们的情绪所感动。”

---

① 乔治·伊娃·卡万（1857—1906），19世纪下半叶的美国知名舞台女演员。

② 后为菲利普·G. 休伯特在《以舞台为业》一书所引用。

③ 西塞罗（前106—前43），古罗马著名政治家、演说家、雄辩家、法学家和哲学家。

昆体良对这个问题的见解最为深刻。这不仅是因为他是知名的演讲大师，还因为他的表达清晰易懂：

“那么，据我所知，感动他人的首要条件就是感动自己。不用心去揣摩，而仅仅靠语言和动作来扮演悲痛、不满或愤恨这类剧烈的情绪，这样的演讲只是荒唐可笑的……没有火焰就不能燃烧，没有水汽就不会潮湿，一件事物也无法赋予另一事物它本身不具有的色彩。因此，我们的首要目标是，把能够给听众留下深刻印象的东西铭记在心，这样我们就能在感动别人之前先感动自己。

“我经常看到一些悲剧演员和喜剧演员，他们在演完一些令人痛心的场景后，就会摘下面具，啜泣着离开剧场。如果别人仅凭文字，就能将这种强大的力量赋予虚构的情绪，那么当我们切身感受自己所表演的东西，并且被那些遭受磨难的角色打动的时候，我们又能制造怎样的表演效果呢？……我认为自己不应该向读者隐瞒这种表演的艺术。我觉得自己正是通过它，得到了至少一部分的才名（不论它在过去或现在是否是我的真正本领）。我经常收获感动，除了潸潸泪水以外，还有近乎真正悲伤时的苍白面庞和悲伤眼眸，这些都是我的真情流露。”① 在这段话中，昆体良并没有断言对某个角色的扮演会勾起相应的情绪。但他的确主张一位成功的演说家和演员必须去感受这个角色，这样的演讲和表演才能达到最佳表现效果。昆体良根本没有想到生理活动在情绪产生过程中的反射作用，这里引用他的观点只是为了证明：古代

① 出自《论演说家的教育》第六卷第二章，西方最早的教育著作，又译为《雄辩术原理》，作者是古代罗马著名教育家昆体良，全书共12卷，主要探讨有关雄辩术的各种理论问题。

演说家已经认识到，表达情绪要靠真诚原则，而不是机械模仿。昆体良的情绪调动方法对我们非常有用。为了更好地理解这一方法的全部含义，我们有必要把下一段话与上文联系起来，尽管这段话只与我们的主题间接相关。

“但是，我们可能会问，既然我们不能控制自己的情绪，那我们是通过什么方式受到影响的呢？……这是通过意象来实现的。通过意象，不在眼前的事物也能够在我们的脑海中清晰地再现，就像我们用眼睛看见它们在我们面前一样。谁最能构思出这样的意象，谁就具有最强大的情绪感染力。……如果我在抱怨有个人被谋杀了，谋杀时发生的一切怎能不都呈现在我眼前？我怎会没看到那突然蹿出的刺客？我怎会没看到受害者的战兢、呼号、恳求和逃跑？我怎会没看到杀人者挺剑而起，被害人伏于血泊？难道被害人喷涌的鲜血、苍白的面孔和垂死时的最后一声呻吟不会呈现在我的精神当中吗？这就引出了一种力量……这种力量与其说是叙述，不如说是展示。我们谈论这件事情时的情绪会和实际出现在事件现场一样激动。”

知名演员的观点

演员们真能感受到他们正在表演的情绪吗？为了回答这一问题，威廉·阿契尔①先生做了一次彻底的调查，并从许多成功的演员那里收到了回复。他们的观点不完全一致，但

① 威廉·阿契尔（1856—1924）是英国近代戏剧理论家，他首次把易卜生的戏剧翻译介绍到英国，并促进了 19 世纪英国现实主义“新戏剧”的出现。

是绝大多数演员都支持一种观点，即演员确实能完全感受到角色的情绪。尤其是在悲伤、恐惧、愤怒等极度痛苦和心碎的情绪方面，演员们的观点是基本一致的。而在对笑的调查中，演员们在观点上就仁者见仁了。一些杰出的演员声称，他们最富有感染力的喜剧作品只不过是机械的模仿。然而，对那些不能从表演欢笑中感受到喜悦情绪的演员们而言，相比于让观众发笑，他们更擅长让观众感动落泪。因此，萨尔维尼先生①写道："对我来说，欢乐比悲伤更难把握。我经常在舞台上因为悲不自胜而哭泣，但我从来没有露出过发自内心的笑容。说真的，我的强颜欢笑从未将喜悦之情真正灌输到观众心中——他们对我的逗乐几乎无动于衷。"另外几位知名喜剧演员也声称他们的逗趣无非是一种人为的结果，一种冰冷机械的模仿。然而，我们必须把这几位看作个例。因为就通例而言，伟大的演说家和演员能完全感受到他们向公众表演出的那些情绪。

理论对不同观点的解释

我们自然而然会产生这样的疑惑：我们是否有可能完全表达出一种情绪，却没有感受到它？如果上一章提出的情绪理论是正确的，那么无论是谁在经历了某一情绪的全部生理症状后，都不可能对此毫无感觉。我们承认有些演员可能会把某些情绪表现得极好，但这并不与我们的理论矛盾。

---

① 萨尔维尼（1890—1955），意大利演员、编剧、导演，出演和指导的代表作有《尼禄》《基督山伯爵》等。

面对观众，演员可以只通过仅限于面部表情、声音和肢体语言的机械模仿来表达某种情绪。不过，对于大多数演说家和演员来说，除去面部表情，对声音进行机械模仿是极其困难的；而对肢体语言进行机械模仿还要更加困难，尽管肢体要比声音更好主动控制。大多数人的声音、面部表情和肢体语言都会牵涉到心脏、肺等内脏的生理活动，尽管笑涉及的生理活动基本都受个人意志的掌控，与内脏器官关系不大。当对声音、表情和肢体的主动控制涉及更重要的生理过程时，情绪的感受多少都会更完整。那些能成功模仿出情绪却感受不到情绪的演说家和演员，可能拥有将自己的声音、表情和肢体动作与更重要的生理活动分离开来的优秀能力。他们同时必须拥有优秀的模仿能力，否则他们表演出的声音听上去就不真实。没有任何直接证据能表明机械模仿的演讲者和演员能更好地表达情绪。然而，有很多证据支持下面这一理论：打动观众之前，首先要打动自己。不过，即使你强烈地感受到了某种情绪，也不要被它所控制，否则会在表演时失去对自己声音的控制。当然，频繁而强烈的情绪会让你陷入极度疲惫之中，但这就是台上一分钟的成功所必须付出的代价。表演者可以主动扮演出某些情绪症状，但这种伪装极少趋于完美。这正如昆体良所说："除去强烈的感觉和真诚的情绪，还有什么原因，能让哀悼者在刚刚经历了悲痛之后，就能够滔滔不绝地发出极富表现力的感叹呢？因此，当我们在演讲中表达任何我们希望像是真理的事物时，都应该把自身融入那些真正被打动的人的情绪之中。我们希望在听众心中激发的情绪是我们组织语言的起点。让我们从此出发。"①

---

① 出自《论演说家的教育》，第六卷第二章。

第五章

情绪及其恰当的表达方法

本能地表达和理解情绪

在我们冷静睿智的盎格鲁-撒克逊文化中，语言和手势主要被用来表达思想。但这种用法是对它们原始功能的曲解，这也使我们已经无法理解那些保留了大部分语言原始功能的表达方式的意义。但可以肯定的是，随着我们原始祖先可以发出声音，面部表情和手势的表达对象逐渐从思想转换为感受和情绪。对于动物来说，声音主要是用来表达感受，且其所有同类都能理解这种表达方式。但是，动物没有能力表达思想，也没有能力理解不含感情的理性表达。低等动物似乎可以本能地理解同类的情绪表达。相比而言，家养动物往往拥有更出色的能力，能够理解饲主的声音、表情、姿态和手势所表现出来的情绪。

儿童天生拥有理解情绪表达的能力，但从来没有儿童能一生下来就可以理解思想的表达。情绪表达是人类的本能，深深嵌入我们的天性之中。每个婴儿都能够用号啕大哭来表达痛苦，却不能告诉大人有根针扎到了他的事实。我们都知道婴儿在高兴时会咯咯直笑，但他无法表达他为什么那么快乐。儿童看到有人流泪就会跟着哭哭啼啼，但一看到笑容的迹象就会回到笑容之中。由此看来，情绪的表达是人类的一种原始行为，所有人生来就知道如何表达自己的情绪，生来就有能力理解情绪的表达。这些结论并不全都有根有据。人们在充分表达情绪的能力上存在着个体差异；同样，理解情绪表达这一基本能力受后天培养的影响。

一直以来，情绪的表达和理解是备受关注的主题。人们已经对此讨论了好几个世纪，尤其在雕刻家、肖像画家、观相家、演员、演说家、剧作家、诗人、音乐家和心理学家的眼中，这个主题有着特别的重要性。尽管有关这一主题的著述很多，但似乎直到十九世纪，相关研究才取得了有价值的成果。现在看来，在认识到人类进化以及心智与身体之间的密切关系之前，围绕该主题的研究实际上没有任何成果。仅对情绪进行描述是一种谬误，没有多少价值。即使是那些成功的艺术家，也不清楚自己是如何做出了恰当的表达，不清楚自己是如何通过声音和手势恰当地表达情绪。在我们弄清每种情绪的进化过程及生理症状之前，我们不可能理解这些情绪的表达。

在宇宙万物的演化理论业已形成，身心统筹发展的必要概念也彻底确立以后，世界顶尖的科学家们开始将注意力转向情绪这一主题。他们的著述为此类研究打下了坚实基础，让其他有志于情绪研究的学者受益良多。

斯宾塞的贡献

赫伯特·斯宾塞①使我们第一次对情绪表达的理解从混

① 赫伯特·斯宾塞（1820—1903），英国哲学家、社会学家、教育家，是著名的“社会达尔文主义之父”。

乱变得有序。他提出了以下著名原理：生理表达的强烈程度与情绪的强烈程度成正比。这个原理还可以用另一种形式表述：情绪的强烈程度与相应生理现象的强烈程度之间，存在着一种恒定关系。

斯宾塞提出的这一原理，是从心理与生理间总存在相似之处这一假设中演绎出的。在没有神经活动及它引起的肌肉活动和腺体活动伴随的情况下，心理过程不会存在。思想与生理活动在数量上并没有恒定的关系。一个无关紧要的想法也可能会引发大量的活动，但在感受和情绪领域中却并非如此：强烈的感受会引发强烈的生理活动，而温和的感受和情绪则伴随着平缓的生理行为。因此，情绪的生理表达的强度不取决于情绪的性质，而取决于情绪的强烈程度。人在极度高兴与极度悲伤时的生理表现十分相似，因此我们经常很难分辨一个孩子到底是在哭还是在笑。激动的跺脚声与赞许的掌声十分相似。极度的喜悦和恐惧都会伴随着颤抖。听音乐时，我们的皮肤会在感知到美妙的音符时颤动，而同样的生理表现也会在面对可怕离奇的事物时出现。

我们的发声器官也遵循着同样的规律——喉部肌肉和呼吸器官的伸缩程度也与情绪的强烈程度成正比。我们很难区分盛怒的尖叫与欢快的呐喊。在音量方面，带着情绪的声音与正常说话的声音间的偏差，也与情绪的强度成正比。情绪不仅会改变声音的大小，还会影响声音的高低。不论是高音、低音，还是从高音突然过渡到低音，都可以用来表现强烈的情绪。生气这种情绪尤其如此。“咆哮”一词和“尖叫”一样，都是表达强烈情绪的符号。

过多的情绪会改变其表达方式

有这样一条普遍规律：强烈的情绪总会伴随着身体对神经能的巨大释放。因此，这些情绪往往会伴有大面积的强烈肌肉活动。晕厥、颤抖、虚脱等现象都显然是这一规律的例外情况。在这些情况中，人体所释放的神经能量是如此之大，以至于其产物发生了相互抑制。在神经能沿着控制心脏运动的神经（迷走神经①）传输时，它由于在某种程度上能量过强导致了心跳异常。于是，人也随着心脏停搏而晕厥倒地。在情绪使人颤抖的过程中，肌肉会出现过度收缩的现象，但由于迷走神经的作用增强，对立的几组肌肉将无法保持平衡状态。声带也会受到这种情况的影响。因此，在情绪强烈或枯竭时，声带也会处于不稳定的状态。

上述原理的推论

斯宾塞提出了上述原理的补充推论："伴随情绪而来的神经兴奋影响肌肉的程度与肌肉的大小和肌肉附着的部位的重量成反比。"当情绪较为轻微时，它所释放的神经能也很微弱，只会影响到较小的肌肉，以及容易活动的肌肉附着的

---

① 迷走神经是副交感神经的一种，属于自主神经，即不受意识指挥，但会被大脑的活动所影响的神经。其主要分布在胸腹腔的器官处，作用包括使心跳减慢、血压下降、支气管收缩、胃肠蠕动增强等。

部位。轻微的情绪干扰无法影响到那些较大的、其收缩可以控制肢体等运动的肌肉。只有随着情绪的增强，我们才能观察到较大的肌肉群呈现出的一致有序的活动。为证明这一事实，斯宾塞如是说道：

“首先，由于面部肌肉相对较小，并附着在容易活动的部位，面部表情可以作为衡量情绪数量的良好指标……除了面部肌肉收缩的性质差异外，我们还能根据情绪的数量差异推断。假如我们没有理由怀疑一张完全安静的脸可能是来源于蓄意抑制自然情绪的隐瞒，我们会认为它意味着没有情绪。外眼角褶皱处肌肉的轻微收缩，加上扯动嘴角时最小可辨的肌肉运动，都暗示着一波微弱的愉悦情绪，它可能只源于一个短暂的想法。人越满足，脸上的笑容就越明显。如果满足感持续增强，那么嘴巴就会张开，喉部和声带的肌肉就会开始收缩，控制呼吸的较大肌肉也将逐步发挥作用。这就产生了笑声。如果人的兴奋程度还要加强，我们仍然可以在神经能量释放增强的结果中，追踪到相同的一般顺序：先是比较容易做出的头和手的动作，后是需要更大力量才能做出的四肢和躯干的动作。这样一来，我们就不仅可以通过肌肉收缩的量，还能够通过肌肉分布来表示愉悦情绪的数量多少，不论这种愉悦情绪的种类如何。”

撕碎情绪

本章中的情绪表达原理也会受到许多例外情况的限制，其中部分将在下文讨论。不过，尽管存在不少例外情况，它仍以一种有益的方式阐明了许多令人困惑的问题。该原理也表明了为什么某些假扮的情绪表现会遭到如此普遍的反对。当生理活动逾越了任何程度的情绪相对应的生理活动的一般值时，我们就会感到不快。这种表现通常被称为“撕碎情绪”①。

一种常见的撕碎情绪的方法，就是在用言语表达轻微的情绪时，往自己的声音里加入人造的颤音。一般情况下，颤音只会在情绪强烈到产生失常后果时才会产生。如果在声音中伴随着颤音，我们会期待看到那些最极端的情绪形式的自然表现，其中就包括此时的音调与正常说话时的音调的巨大差异。

在表达强烈情绪时的另一个错误，就是在演讲者的面部肌肉形成情绪所对应的表情之前，就开始使用四肢和躯干等肢体语言。情绪调动初期通常是通过面部肌肉和手的运动来完成的，之后才是人体主要器官的动作。

在舞台和演讲台上，我们似乎会容忍甚至期待一定数量的夸张表达，而在商业和专业领域中，这些夸张表达则被禁止。我们做出这种武断的“一刀切”是有正当理由的。舞台和讲台的根本功能是唤起情绪，而在商业生活中，我们则希望极力避免被情绪左右。在前一种情况中，我们渴望情绪的过度，而在后一种情况中，我们需要情绪的缺乏。根据这一事实，我们乐于让表演者进一步强化某些情绪的表达，但强化到超过某一临界点并让观众意识到之后，表演结果就不那么令人满意了。

如前文所述，面部表情是情绪的首要表现之一，就连最轻微的心境和情绪也能够表达。不过，由于演讲者和演员通

① 出自莎士比亚《哈姆莱特》第三幕第二场。

常处于距离观众较远的位置，为了使观众能够完全看清台上人物的面部表情，演讲者和演员就有必要把表情做过头。观众们一般不会去批评一张“做过头”的脸，但会反感过度的肢体动作——这会当即被认为是破坏气氛。

在众多情绪类型中，我们会尤为反对夸大特定的某些情绪。过分的欢乐会免于受罚，但过分的悲伤则会惹人生厌。在演讲或演出的一开始，听众尚未完全对表演者产生同情，不会立即对他的观点做出反应，他们也处于一种批判性的心态。在这种情况下，表现任何极端情绪、以任何形式涉及悲伤和痛苦，都是极其危险的。我们并不反感那些显然在取悦我们的表演者，但那些试图要我们流泪，却又无法掩饰这一企图的人，必定会遭殃！一次不成功的逗笑并不会造成演讲者与听众之间的隔阂，但在另一方面，如果演讲者在企图营造悲伤气氛时出现了明显的败笔，那么这所产生的冷场和冷漠就很难一笔带过。通常情况下，演讲者首先要使用的情绪应该是愉悦。只要表达成功，演讲者和听众间就会形成共情，这大大降低了演讲者使用悲伤情绪时的风险。

第六章

达尔文与冯特的情绪表达原理

在上一章中，我们提出了手势表达、面部表达和声音表达的数量与强度的原理，它们伴随着不同程度的情绪。我们已经指出，对这一原理的僭越会招致观众的不满，他们会认为这种表演是“撕碎情绪”。虽然这一原理非常具有启发性，但它显然只不过是对问题的部分解释。不同面部表达不仅在强度/程度上不同，在质量上也有所不同。手势表达和声音表达亦是如此。

人在笑时，嘴角会上扬；人在哭时，嘴角会压低；人惊讶时，眼睛会睁大；人悲伤时，眼睛会微合。人在产生这种情绪时，伸肌会收缩；人在产生另一种情绪时，伸肌会松弛。不存在两种情绪伴随着相同的生理活动的情形。因此，我们需要解释为什么每种情绪都伴随着其特定的表达形式。如果我们提前知道这一问题的答案，就不会在实际表达特定情绪时犯错。

达尔文的解释原理

查尔斯·达尔文就研究过这个问题。他用他所谓的“有用的联合性习惯”原理①来解释为什么每种情绪都存在特有的生理活动（这是我们的原理二，上一章斯宾塞的阐述是原理一）。这一原理将解释突然惊吓造成的各种众所周知的生理活动——在突如其来的危险面前，我们的原始祖先如果要避免受害，就要立刻闭上双眼，将有害物体阻挡在外，或者屏住呼吸准备突然发力，或者为避免被攻击而匍匐在地——他们必须做好逃离危险的一切必要动作。除非他们的心跳速度和力度都大幅提升，呼吸也同样猛然加强，否则这些必要动作就足以让他们筋疲力尽。这些各种各样的动作在进化过程中成了“有用的习惯”，并遗传给了他们的后代。在后世截然不同的环境中，这些习惯有时也会表现出来，尽管它们已经失去了任何价值。比如，当我听到身后有一辆汽车驶来时，我可能会闭上眼睛，埋下头去，屏住呼吸，接着突然跃起，但这些反应对此时的我已经毫无意义。只要冷静从容地退一步，避开汽车，就能很好地实现保护自己的目的。虽然我们的反应已经与祖先在危险事物面前的情况迥然不同，但我们还是被迫或多或少地继承了他们的动作。与祖先做出的动作相比，我们确实做出了一些改变，但仍然无法进一步改变心跳、头脑充血、喘气这类平滑肌的活动。再者，正是这些平滑肌的活动赋予了我们情绪的真正特性。除非我们了解情绪产生时的具体情况，以及在那些情况下对我们祖先有价

---

① 出自达尔文的《人类和动物的表情》，达尔文通过数十年对人类与动物表情的观察与研究，提出了三个表情原理，其中之一为“有用的联合性习惯”。

值的不随意运动①，否则我们就无法完全理解人类情绪的性质、原因、结果。

以愤怒为例

愤怒是人类在杀伤敌人时的心理状态的削弱版本。要理解愤怒的原始形式，我们必须思考我们的原始祖先在什么条件下才会出现这种情绪。在与其他生物的殊死搏斗中，是哪些生理活动有助于他们存活下来？根据低等动物的相关知识，我们可以发现下列行为有助于原始祖先的存活：低声咆哮和竖起毛发可以威吓敌人，从而更容易战胜它们；皱起眉头能避免眼睛受到光线直射，而瞳孔收缩还会促进这一效果；心跳加速及身体供氧量的增加能够在打斗中赋予更为持久的耐力，这种增强的心肺活动是肌肉力量在一瞬间爆发出极值的必要条件。伴随着心跳加快，我们会出现面部充血、双目通红、眼球突出于眼眶的症状。而伴随着肺部活动的增加，鼻孔和胸口会扩张，空气也会急速通过闭合的牙齿，使我们嘶吼、吐沫。人类最具杀伤力的武器是双手和牙齿，因此，那些习惯于本能地举起手臂，握紧拳头，露出牙齿，并使用这样的打法和咬法的人，能更快地赢得战斗。可以肯定的是，我们的祖先曾经形成过一些有用的习惯，且会在需要的场合下表现出来。

① 随意运动（voluntary movement）是受意识调节、具有一定目的和方向的运动；不随意运动（involuntary movement）是先天不受意识支配的运动，包括心跳、眨眼等。

当我们用达尔文的“有用的联合性习惯”原理思考自己在愤怒情绪影响下的行为方式时，我们二十世纪的愤怒情绪也得到了解释。我们愤怒时的感觉和生理活动，与我们祖先在消灭敌人时的感觉和生理活动十分相似，只不过在形式上有一定的削弱，没有那么粗暴。在众多愤怒的表达方式中，以下这些方式已经广为人知：愤怒的人会用自己所掌握的一切辱骂性的言语痛斥敌人，野蛮地咒骂敌人。他的声音宛如咆哮一般，从咬紧的牙关中挤出来，乃至口吐白沫也并不少见。有些人在生气时会毛发直立，身体各处看上去都比平时要大一圈，通常还会皱起垂直和水平的眉头。他还会出现瞳孔缩小、眼球充血的症状，甚至眼球都要从眼眶中突出来。他的血液循环和呼吸都会大大加快，他还会面部充血、鼻孔扩张、咬紧牙关。他会抬起手臂，握紧拳头，即便没有发起实际进攻，也已经时刻准备好冲向敌人，将敌人打得皮开肉绽。在上述这些行为中，我们一眼就能看出远祖最令人震惊的行为方式。早在进化论被发现以前，莎士比亚就对人类情绪和野兽行为之间的相似性印象深刻。《亨利五世》的第三幕第一场中就有以下段落：

> 在和平年代，
> 最好的美德莫过于温文尔雅；
> 但当战争咆哮着掠过耳畔时，
> 你最好模仿起老虎的一举一动；
> 绷紧肌肉，鼓动热血，
> 接着目露凶光；
> 现在咬紧牙关，皱起鼻翼，屏气凝神，
> 榨取身体中每一份劲力！
> 前进，前进，你们是最高贵的英国人！

恐惧和愤怒这两种情绪可以作为原理二的应用实例。这条原理阐述了这样一个事实，即我们伴随着上述情绪而产生的生理行为，只不过是在弱化地重复我们祖先的所用动作。这些反应是我们的本能，且或多或少不受意识控制。不过一般来说，这些反应对我们已经没有直接价值，反而在某些情形下会对我们有害。

原理二与上一章所提出的原理一并非不一致——它只是对原理一的补充。例如，关于愤怒，原理一阐明的事实是生理活动的强度与情绪的强度成正比，以及小型肌肉的活动是愤怒的最初迹象。原理二则会告诉我们哪些具体的生理活动会伴随着愤怒出现。

原理二在情绪上的应用大大扩展了我们的研究领域。我们对情绪的表达，充其量也不过是对低等生命形式的行为进行弱化重复。这一事实为我们通过研究动物、儿童、低等种族和精神病人的情绪来了解人类的情绪提供了可能。这些研究对象不会试图去掩盖或压抑自身的情绪表达。在这一方面，极有益的著作之一就是达尔文的《人类和动物的表情》①，该书充分讨论了动物的行为。事实上，当今所有研究人类情绪的学生都特别强调在文明程度较低的个体上发现的、形式更纯粹的情绪。

---

① 达尔文所著的《人类和动物的表情》是作者继《物种起源》和《人类起源》之后，从情绪表现方面进一步论证人类和动物心理有连续性的进化论观点的名著。它使西方心理学的主流思想脱离了哲学的束缚，转向生物科学。

冯特的补充原理

在解释严格意义上属于人类的情绪表达时，特别是那些与审美、道德和宗教有关的情绪表达时，我们会发现上文中的原理二并不完备。对此，冯特教授提出了新的见解，我们将把它视为原理三（原理一已在上一章中提出）。从某种意义上说，它是对前两条原理的必要补充。冯特教授称之为“相关感觉的联合”原理，它也被表述为“对类似的感觉刺激采取相似的行动”。我们对一段“苦涩”体验的表达，与我们在吃到奎宁①时的动作类似；而在表达一段“心酸”体验时，我们并不只是在使用比喻的修辞手法，因为我们的表达看上去就像是真的吃到了“酸”这种化合物。小女孩在回想过去的甜蜜体验时，她的嘴唇会做出品尝糖果的姿态。我们在表达不屑时，会用鼻子做出类似于闻到令人作呕的气味时的动作。相应的，我们表达赞许时做出的鼻部动作与闻到甜蜜的芳香时的鼻部动作相似，这表明了赞许这一情绪与芳香之间的联系。

口鼻部的情绪表达是“相关感觉的联合”这一原理的绝佳例证。上文介绍的例证就是从这些器官发出的。我们对这些动作变化的描述，尤其是对口腔的变化进行描述，将有助于阐明整条原理。

---

① 奎宁，俗称金鸡纳霜，是从金鸡纳树等植物的树皮中提取的生物碱，味苦，用于治疗疟疾。

简单感觉的面部表情

图一是人类舌头的味觉分布示意图，它分别表示了对甜、酸、苦、咸四种味道敏感的部位。就现在的目的而言，我们只需要考虑前三种味觉。如图所示，舌头的最尖端对甜味最敏感，舌头边缘对酸味最敏感，而舌头的中后部则对苦味最敏感。另外，我们只有在食物溶解时才会品尝到味道。进入口腔的固体物质必须要靠唾液腺分泌的液体才能溶解，它们在溶解前是无味的。当令人愉悦的甜味物质进入口中时，它在与舌尖接触的同时被尽可能地溶解。这可以通过轻轻压缩脸颊和轻柔的吮吸动作来实现。这还会导致抿嘴和嘴角上扬。

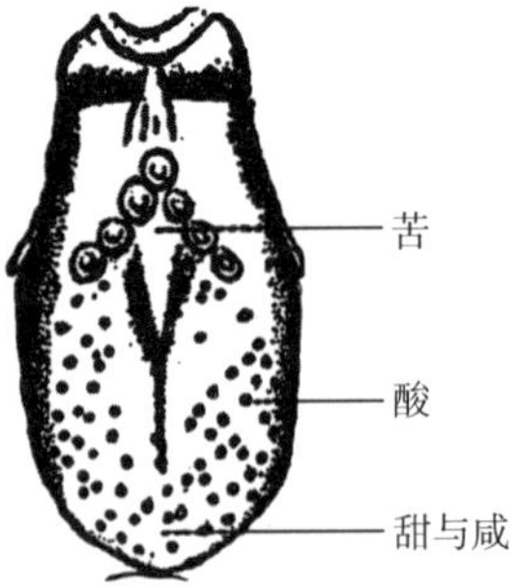

图一

当被试品尝甜味物质时，我们可以观察到他的面部变化并不明显，他舌头和脸颊的位置有利于舌尖附近的食物溶解。我们同时应该注意到，在品尝甜食时，被试的鼻翼会向上伸展，眉头会舒展，眼睛会睁大。

当同一被试品尝酸味食物时，酸味物质，尤其是极酸的物质通常会有些令人不快。因此，当被试在品尝酸味食物时，会努力让它们远离舌头两侧，因为那里对酸味尤为敏感。这一动作外在表现为嘴部变宽和嘴角下垂。这些动作可以防止口中的酸味物质溶解在对酸味最为敏感的舌头两侧。

口腔内对苦味敏感的位置是软腭和舌根的中后部。由于苦味令人生厌，人们会尽量用尝不到味道的方式吞下苦味食物。这是通过提起软腭，抵住上颚，同时下压舌根来实现的。我们尽可能不让唾液接触到苦味物质，尽可能让食物在不接触到舌根和软腭的情况下就被快速吞下。从外表上看，上述动作会让被试面部出现一些迹象，包括舌根下压时下垂的嘴角、软腭抬起时上扬的鼻孔和出现明显皱纹的面部。

紧接着，我们继续来观察同一被试品尝极苦物质时的模样。他的嘴角尽可能下垂，鼻孔收缩且耸起，眼睛半闭，整张脸布满了皱纹。

我们在感受到香味的时候，鼻孔会扩大，鼻翼会竖起；而在感受到恶臭时，鼻孔会收缩，鼻翼也会下垂。前者的动作变化是为了加强对味道的感觉，而后者的动作变化则是为了让我们摆脱难闻的味道。

通常，在美丽的事物面前，眼睛会睁大，以便我们看得最清楚；而在丑陋和有害的事物面前，眼睛会完全或部分地闭上。

这些口、眼、鼻的表达方式早在人类进化之初就已经发展完备，并与他们的喜悦与痛苦体验紧密相连。随着人类的进化，我们发展出了更高级的喜悦与痛苦体验，与简单的味觉、嗅觉、视觉相比，这些原始的表达方式逐渐被用于表达相似但要更为高等的情绪。在喜悦与痛苦方面，我们最高等的情绪与简单的感觉存在着显而易见的相似之处。根据“相关感觉的联合”原理，所有与苦相似的情绪，都可以通过众所周知的尝到苦味时的面部表情来表达；而所有可以比喻为甜的体验，也都可以在我们尝到甜味时的面部表情中找到通常的表达方式。

有些学者试图把原理三的运用范围从面部表情扩展到所有表达形式。例如法国心理学家里博曾说：“一个人在迷惑不解时会挠头、咳嗽、揉眼睛，这是因为身体上的轻微不适和心理上的轻微尴尬之情有着深层的相似性。这表现为两者会表达出同样的动作。”

我们有些情绪与味觉密切相关，而另一些情绪则与嗅觉密切相关。我们会形容很多生活体验是苦涩的，也有很多生活体验是甜美的。在我们真正品尝到苦味或甜味时的面部表情中，我们为这两种生活体验找到了适合的表达方式。而另一些体验类似于对气味的感觉。因此，我们对不屑的表达与闻到恶臭时做出的动作相同。

素描时，画家的技艺主要体现在对面部线条的准确表现上。有些线条很淡，几乎不会为我们所注意，但只要它们被准确地再现出来，我们就能体会到它的普遍效果。许多人并不知道自己在笑时鼻翼会上扬，哭时鼻翼会下垂，也并不知道哭时上唇会略微提起，笑时却并非如此，但我们还是会被这些生理症状的出现触动。

在这几章中，我们已经在情绪及其表达方法上花了不少篇幅。从第三章到本章，我们力图彻底弄清整个问题，呈现现代科学已经揭示的基本原理。我们旨在阐明情绪的基本原理，而不是详述特定情绪和同一情绪的不同程度的最佳表达方法。同时，我们也持续关注了演讲者的视角，其中的例证、推论和实际应用几乎都与演讲密切相关。

希望进一步研究该主题的学生，可以参考下面这几本书：

威廉·詹姆斯的《心理学简明教程》，亨利·霍尔特出版公司出版。内有对詹姆斯-兰格情绪理论的最佳简明介绍。

里博的《情绪心理学》，斯克里布纳出版社出版。内有关于情绪主题的最佳概论。

以下是关于情绪表达的最佳著述：

达尔文的《人类和动物的表情》，任意版本皆可；

斯宾塞的《情绪的语言》，任意版本皆可；

冯特的《生理心理学原理》，恩格尔曼出版社出版。

冯特的《民族心理学》，恩格尔曼出版社出版。

威廉·阿契尔《面具还是面孔》，朗文出版社出版。本书从演员的角度呈现了对情绪的思考。

部分学者尝试过指出许多情感的确切表达方法。一般来说，这既不准确，也具有误导性。但它们当中的最佳著述是一本包含了680幅肖像的图集，每幅肖像都表达了不同的情绪状态，并附有文字解释。这本图集是海因里希·鲁道夫所著的《人类情绪的表达》，由德累斯顿的格哈德·屈特曼出版社出版。这本德语著作中的680幅肖像均来自同一被试，且都附有图注。读者即使不懂德语，也不难理解各幅肖像所意指的情绪。

第七章

注意力的波动

一些简单的实验建议

人身体上的许多器官似乎一直都处于活跃状态。我们的心脏，每天、每小时、每分钟、每秒钟都在跳动不止。它似乎是在不间断地活动着。然而，生理学家告诉我们，心脏的每两次跳动之间，就会有一个休息恢复的间隔，也就是说，每一下心跳之后，紧接着就是一段休息时间。我们的呼吸似乎也是种一刻不停的活动，但生理学家再次指出，肺部器官不能长时间地连续工作。我们身体的所有器官都像心肺一样，在工作之余需要一定的休息时间。

通过之前几十年的研究，我们已经证实，大脑不能持续活动超过一定的时限。每一段活动之后都得有一段休息时间。什么都不能改变这条规律。经过试验，没有人能长时间维持一个思维过程。这并非一个显而易见的事实，因此许多人第一次听到这个结果时，都会表示怀疑。诸位读者，你们可能以为只要自己足够努力，就可以保证在接下来的一个小时内，心无旁骛地专心完成一件事。那么，我建议每位读者在读到这句话时，请停下来，把注意力集中在这一页的某个字上，然后看看自己能聚精会神地观察这个字多长时间，而不让思绪飘到别的东西上。

新型心理学已经开始研究注意力的波动起伏问题，并取得了一些有趣且具有启发意义的进展。已经提出并着手研究的问题包括：将注意力稳定集中在单一事物（物体、想法等）上，最长可以持续多久？怎样延长或缩短注意力波动的周期？我们如何才能利用这种波动来帮助自己思考或影响他人的思维？

一些心理实验似乎要在特定条件下才能顺利进行，但实际上，任何人不需要心理实验室的复杂仪器就可以模拟这类实验，来研究注意力的波动起伏。例如，读者可以把手表放在你几乎听不见滴答声的地方，然后努力去听那滴答声。只要滴答声不太清晰，且没有其他声音干扰，听到和听不到就会按照一定的程度有规律地反复交替发生。

还有一个更简单的实验方法——你可以在脑海里想象手表的滴答声，接着努力一直去想象这种滴答声。这样，你就也能获得与上述实验相同的结果。

这种注意力波动已经得到了充分验证。因此，心理学家们假定这是人类意识的一个普遍事实。

早在 1888 年，心理学家就发现了注意力波动的快速性和节奏性。然而，我们至今都无法完全理解这一惊人的发现和其带来的影响深远的成果。

我们所有的思维活动都是在迸发中完成的，之后会迎来一段时间的停滞。我们无法维持长时间思考同一事物。而所谓的持续的、集中的注意力，指的就是注意力的迸发。无论我们做什么事情，我们的注意力都不会集中不变；要想长时间关注某一固定对象，就只能反复振作精神，同时尽可能避免出现与之对抗的想法和与之冲突的诱惑。

面对变化的事物和发展中的思想，我们能够集中注意力的时间要比预期的更长。我们无法持续数秒地专注于停滞的思想和不再呈现新视角的事物，而发展中的思想和呈现出新视角的事物就可以吸引长时间的注意力，虽然我们的注意力也不会时时刻刻都集中。

在聆听演讲时，很少有人能全神贯注、毫不分心地听上几秒，最多不超过数分钟。听众的大部分注意力会持续迷失和减弱。他可以凭借自身努力来重新集中注意力，也可能是演讲者的某句话或某个动作让他突然回过神来。除非演讲者每过几秒就能从一个新角度来呈现演讲主题，否则，没有一个听众能长时间持续关注演讲者的语言和动作。

我们的注意力并不是我们所认为的连续的单一波形，或者通常所说的注意力波。在一年中的某些时候，我们会发现自己的工作效率比其他时候都要高，会以比其他时候都要强的持续性和完整性来处理手头事务。在一天之中也是如此。大多数人会发现在早晨的某些时段里，自己的注意力要比接下来几个小时更加持久、完整。

注意力的“分波动”

最近，心理学家发现了所谓的注意力的分波动（minute waves）。他们发现与注意力的秒波动（second waves）有关，还有一些频率更慢的波动，秒波动是它的“一部分”。具体情况如图二所示。在图中，a＋、b＋、c＋等表示较短的秒波动的波峰，A＋和 B＋则表示分波动的波峰。这种波动的确存在，并且对演讲者和听众有着极为显著的影响。每一个演讲者都无疑有过这样的经历：刚刚还能就手头的话题侃侃而谈，下一秒就仿佛失去了对自己和话题的控制。在徒劳挣扎了一小会儿后，他的注意力或突然或逐渐地回归，并在达到注意力效率的最高点后又开始下降。这一过程如图二中从A＋到A－和从B＋到B－两个部分所示。

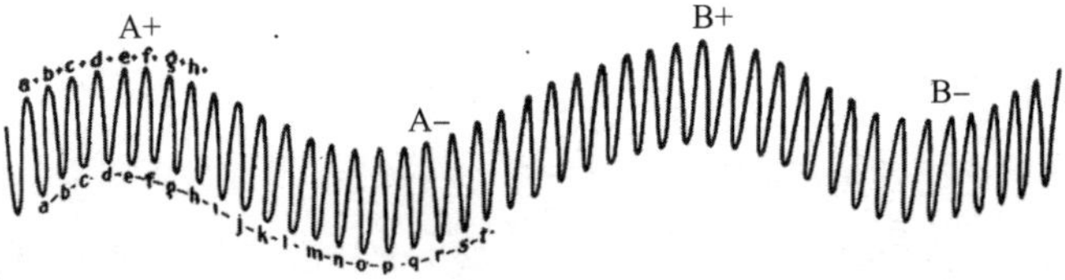

图二

每个人的注意力波动的周期各不相同，目前对此尚无任何明确的说法。在某些情况下，有的人甚至能够一口气听上数小时的演讲，还能保持自己注意力分波动的频率和高度从头到尾几乎不变。在其他情况下，注意力的波动似乎是逐渐下降的，而且越往后，波峰和频率就越低。

当分波动和秒波动的波谷重合时，我们的思考效率会降到最低，如图二的A－和q－所示。在这种情况下，演讲者可能会突然忘词，也可能会跳过这段内容并从自己熟悉的部分开讲，但演讲的效率会变得极低，听众会一时无法理解正在演讲的内容。不过，秒波动波峰紧随而来，则足以让听众掌握演讲的大意；接着，当分波动与秒波动的波峰在之后重合时，听众就会觉得自己完整把握了演讲的整体观点，并将先前注意力缺失造成的信息缺失完全置之脑后。但这里要强调的是，消除波谷是不可能的。无论是演讲者还是听众，都应该对此有所预期，并因势利导，做出充分的应对。

思考的单元：简单句和从句

我们思考的单元并不是字母、音节和词语，而是简单句和从句。每个简单句和从句都应该包含单一的想法，并为单一的心智活动所把控。一个概念或想法的口头表达可能需要花上数秒，而我们无法在整个过程中都保持全神贯注。当我们在讲某句话时，心思可能完全不在上面，也许是在思考下一句话的内容，而嘴边的这句话可以说是“自动讲出”的。同样，在听到某一段话时，我们也不会让自己的注意力连续保持紧绷状态，而是通过短暂的注意力冲动来理解句子，并在随后经历一段相对的休息期。当别人在讲一个句子时，我们可能只给予它很少的注意力，可能直到他说出最后一个词时，我们才理解这句话中的几个词，然后通过一个短暂的心智活动，我们才能理解整个句子的意思。我们甚至还会出现下面的情况：直到下一个句子开始之前，我们都无法理解上一句话里的任何一个词语，但后一句话可能包含了理解前一句话的线索，我们只要通过一次思考冲动就能抓住这条线索。

结　论

如上文所述，正常情况下，注意力波动的周期不会超过数秒。如果我们被迫持续集中注意力，并在超过这一时间后仍未停止，无疑会疲惫不堪、心烦意乱。此外，周期小于一秒的注意力波动也同样令人不快。这条心理学规律适用于人类思想的一切艺术表达的创作和演绎。那些需要经不断思考才能被领会整体含义的长句总是让人心力交瘁，需要超过一次注意力冲动的句子也会让人精神紧绷。至于那些较短的句子，也显得支离破碎，难以给人带来美的享受。

人的声音是气流呼出产生的。在普通的呼吸中，我们每分钟会呼气 20 次。我们既可以在整个呼气过程中产生一种声音，也可以在单次呼气过程中产生不同“呼吸群”① 或“呼气群”的声音。我们还能够轻松延长呼气时间，使之远远超过正常情况下的 3 秒。有人对同时代的演讲者们进行研究发现，在呼气时长与讲出句子（或诗句）的时长相同，或者说呼气时长为正常情况下的 3 秒时，就能确保最佳的效果。在美国诗人詹姆斯·惠特科姆·莱利②朗诵自己的诗歌《旧日玫瑰》（*Old-Fashioned Roses*）时，研究者根据心理学方法对他进行了测试。这首诗有 32 行，诗人在朗诵过程中共有 29 个呼气时段，其中 22 个都结束在一行诗的末尾处。他在每个呼气时段里都只表达了一个想法，这个想法只要一次注意力冲动就可以把握住。各呼气时段的平均时长为 3.13 秒。在这一测试中，我们发现呼气期通常与诗行长度

---

① 呼吸群（breath group）指在一次呼气过程中发出的一连串声音，早在 1875—1880 年就被提出，1967 年，菲利普·利伯曼在《语调、知觉与语言》（*Intonation, perception and language*）一书中，从生理学角度出发使用了“呼吸群”理论，认为人们是通过呼吸群来产生和感知语调的。

② 詹姆斯·惠特科姆·莱利（1849—1916）是美国印第安纳州诗人、儿童文学作家。代表作为诗歌《小孤儿安妮》《衣衫褴褛的人》和《我的老情人》等。

一致，且诗行的发音时间（即呼气时长）也完全在我们所讲的注意波动的周期内。

通过努力，我们可以把注意力周期延长到几秒钟，不过这并不是什么舒服的任务。最令人舒适的注意力波动周期是在最短一秒到最长几秒之间，当然这也会受到演讲的性质和听众心智发育程度的影响。

有些作家在组织他们的演讲内容时，会习惯性地使用一些对不少听众来说生硬难懂的句子。还有一些朗诵者会为了分句而频繁地换气停顿，这会导致朗诵断断续续，让听众以为他很紧张。一般来说，每个单独的句子都需要有注意力的迸发，而且其表现必须符合这一心理层面的事实。每位演讲者和演员都必须预料到注意力周期性迸发的强度和持续时间的逐渐变化，并根据听众和观众的心理局限来调整自己的演讲和表演。通过巧妙地迎合听众和观众的注意力波动，演讲者和演员就能以最低的注意力集中程度，实现最佳的演讲和演出效果。

第八章

节　奏

节奏的普遍性

那些经常出现在眼前的事物，往往会逃过我们的注意。人类发展到最近，才意识到空气的存在，意识到所有的运动都是振动。地球围绕太阳公转的周期性，带来了“年”的概念和四季更迭；地球围绕地轴自转的周期性，带来了昼夜更替；而月球围绕地球公转一周，也将一年划分成了 12 个月——但这些事实经常完全逃过了我们的注意。

太阳系中的这些循环周期对所有动植物的生命都有着不可估量的影响。年、季、月、日的周期性，就是动植物身上的节奏性的来源。在一定纬度范围内，植物从生长到结果会以一年为周期，这一周期并不会因为霜冻、干旱或雨季而发生改变。植物需要整整一年来完成从生长到消亡的循环，而一年中所有季节都对植物的生长同样有利。与植物一样，动物的生命活动也受到一年四季的影响。大多数昆虫的寿命只有一年。鸟类每年都会在同一季节开始迁徙，即便这并非过冬所需。北极熊等需要冬眠的动物似乎也会根据年的节律来决定冬眠的时机，尽管冬眠并非必要，且它们也没有做好冬眠的足够准备。

月球的公转形成的“月”的节律也会影响动植物，尽管这种影响不如年的节律那么明显。月的节律会影响某些开花植物的开放。举例来说，有一种月季花会在长达数月的花期里每月盛开。在动物界中，不同动物的孵化期或怀孕期有一个月，也有好几个月。鸟类的孵化期通常不足一个月，基本是 7 天——一个月的四分之一——或者是 7 天的倍数。

地球绕轴自转形成的“日”的节律也会对动物体和植物体造成巨大的影响。某些植物拥有生长和休憩的日节律。它们可能在花期中的每天早上开花，并在晚上闭合花瓣。所有的高等动物每天都有睡眠和清醒的时段。即使是昼长或夜长超过一般时长的地区，动物的睡眠和清醒时段也必定会在 24 小时之内。

拥有这种节奏性的不只是天体，还有世间万物。举例来说，视觉是以太的节律性振动形成的①，声音是空气的节律性振动形成的，热和电也是由其他事物的节律性运动产生的。风、潮汐、流水、自由落体等等我们所熟悉的许多现象，都表明我们所在的宇宙在本质上是有节律的。有些人认为，我们对节奏的认识源自行走和跑步时四肢的摆动。另一些人则认为它源自心脏节奏性的搏动，这也有一些道理。最近的研究发现，节奏与注意力波动的关系要比它与任何其他生理和心理功能的关系都要密切。无论未来的科学家们将会有什么样的发现，至少现在有一点是正确的，即节奏以各种各样的形式存在于整个宇宙之中，而且由于人类的发展取决

---

① 以太是物理学史上的一种假想物质，其内涵随物理学发展而演变。直到 20 世纪初，人们还普遍认同荷兰的 C. 惠更斯和英国的 R. 胡克提倡的光的波动说，他们假定空间具有无所不在的以太，光波以之为媒介而传播，这时期的以太被称为“发光以太”或“光以太”。

于对环境的适应，我们可以预见人类的全部心智都极易受到节奏的影响。这种节奏遍布并统治着天地万物和人类身心。只要是研究过人类行为的人，无论他们的研究对象是原始人、儿童还是文明的成年人，都通过观察证明了“人类思想易受节奏的影响”这一假设。

原始人的节奏

人类学家为我们提供了许多低等种族风俗习惯当中的有趣细节，它们体现了节奏在宗族和个体的生产、社交生活中所起的重要作用。这些未开化的民族在工作中似乎都伴随着节奏性的动作，有时甚至还伴随着节奏性的旋律。在1899年的《哈泼斯杂志》① 上，J. S. C. 斯皮迪介绍了一些别有风味的野蛮部落生活，其中就有一项某个部落给牲畜喂水的方法。喂水对他们来说可是一项艰巨的任务，因为他们使用的水桶太过笨重，而且从水井里打水时，他们很难不把水洒出来。不过，部落成员仍会在这一过程中哼唱简单但节奏性很强的旋律，它翻译过来就是：

哦，亲爱的牛儿，过来喝水吧，
伟大的上帝！
哦，强壮的骆驼，安静又敏捷，

① 《哈泼斯杂志》（*Harper's Magazine*）是美国的一份月刊，创刊于1850年，是仅次于《科学美国人》的、美国持续发行时间最长的月刊，杂志内容涵盖文学、政治、艺术等多个方面。

伟大的上帝！

哦，可爱的山羊，美丽又优雅，

伟大的上帝！

部落成员们就这样一遍又一遍地反复吟唱，直到所有的牲畜都喝到了水。这一吟唱过程还伴随着把水桶递给下一头动物的节奏性动作。研究者认为，这种节奏有利于减少水的溅出和传递的快速进行，从而确保了动作的准确性和速度。

频繁使用与劳动相关的节奏，是在低等种族中普遍存在着的一种风俗习惯。双手和身体按照这个节奏劳动会使得劳动过程变得更加愉快和高效。由此，一些权威人士倾向于认为人类对节奏的理解与劳动有关。

无论最初的节奏是否给劳作过程增添了乐趣和提高了效率，它很快就被应用到更加宏大的目的中。所有部落和民族都会经常使用战舞和锣鼓声来振作士气，这会让战士们陷入狂暴状态，甚至会攻击和杀死同一部落的成员。

无论是在战舞、祭祀舞蹈还是消遣性的社交娱乐舞蹈中，节奏的效果都是非常明显的。宗教舞蹈往往会到舞者情绪发作、昏倒在地才停止。这种情况似乎是由简单的音乐伴奏与合拍的肢体动作一同导致的，其中，音乐伴奏几乎没有什么内容，因此这一情况更多地取决于节奏的形式。

儿童的节奏

细心的研究者们发现，儿童也极易受到节奏的影响。其中一位研究者在讨论这个问题时提出了以下观点（《美国心理学杂志》[1]，1894年1月)：

“节奏和重音清晰的音乐对儿童的影响并不比其对原始人的影响小。虽然孩子们并不会被允许心醉神迷，但他们在唱童谣《热豌豆粥》（*Pease porridge hot*）时跟着节奏拍手的行为，同野蛮人在随着鼓声吟唱古老传说时那可怕的肆意蹦跳和比画手势没什么区别。当孩子刚刚开始朗读《热豌豆粥》时，他的语速相对缓慢，但随着他继续诵读，就会逐渐变得兴奋起来，他的手势动作也会变得更快速、更用力，直到他在兴奋中筋疲力尽。学校老师都知道，孩子们只要开始歌唱重音突出的韵词就会变得异常兴奋。有些研究者观察了孩子们在唱西奥多·蒂尔顿[2]的童谣《宝贝再见》（*Baby Bye*）时的表现。令孩子们的情绪达到高潮的歌词是：

它（苍蝇）飞去那儿了，
在用它的趾爪，
扒拉小宝宝的鼻子！

这一小节童谣有着仙子一般的魔力。这一节重音突出，每行前面都有停顿，且每一行都押韵。押韵和停顿加强了歌谣的节奏感，从而能最大限度地唤起小仙子们的兴奋劲儿。”

---

① 美国最早的心理学杂志，由美国著名心理学家G.S.霍尔（1844—1924）于1887年创办。

② 西奥多·蒂尔顿（1835—1907），美国报纸编辑、诗人和废奴主义者。代表作为《儿歌》。

节奏的各种用途

并不只有原始人和儿童会使用节奏。

各个国家的农民都会在劳作时哼唱节奏性的旋律。即便是在没有旋律的情况下，他们在整个劳动过程中会根据自己意识中的某种程度的节奏，以在特定时间点做出动作。不论是锄头和镰刀，还是缝衣针和摇篮，都能够在环境允许的情况下，按照节奏运动。

许多现代的传教士特别擅长在演讲中运用节奏，其效果与他们的布道内容很不相称。他们唱的赞美诗也有很大的变化——他们认定所有人都要拼命地唱，还经常为此树立了一些榜样，像是通过跺脚、拍手或拍赞美诗集的封面来跟上节拍。信徒们一边齐声吟唱赞美诗，一边摇晃身体的场景并不少见；而且与我们预期中这种节奏使用方式对各个年龄段的头脑简单的人会造成的影响相比，那些伴随节奏而发出的叫声也并不会那样夸张。售货员、街头小贩和苦行僧通常会在他们的言语中使用非常明显的节奏，这在一定程度上解释了为何他们能够让那些“聪明一世”的人糊涂一时。

既然一种节奏用于运动和兴奋，那么就有另一种节奏用于平静和休息。母亲会本能地运用合适的节拍晃动婴儿，使之入眠。催眠师则会通过一定节奏的来回摆动来控制他的目标。

非自发产生的节奏

我们的天性是如此渴求节奏感，这使得我们会在想象中创造一种现实中并不存在的节奏。我们渴求的并不是一系列整齐划一的声音和动作，但它必须包含反复出现的重音，以及穿插其中的非着重的声音和动作。通常情况下，时钟交替的滴答声在持续时间和强度上是不等的。即使滴答声是一致的，我们也可以把它们编在众所周知的节奏形式中，例如抑抑扬格、扬抑格和扬抑抑格。我们也可以把每四拍滴答声的第四拍视为重音，但这样一来，第二拍上就要有一个次重音，而第四拍上的主重音则紧随其后。我们还能把同样的四拍按照另一种方式划分，例如以第一拍为主重音，第三拍为次重音。此外，我们还能把时钟的滴答声编成五拍子，以第五拍为主重音，把次重音放在余下的任意一拍上。

和时钟的滴答声一样，节拍器的节拍经常以节拍组的形式出现。大多数人还将火车发动机有规律的喷烟声编成节拍单位。这种节拍的编组方法因人而异，但对同一个体而言是相当恒定的。

我们在走路时会有非常明显的摆臂趋势。摆臂并非是单调地重复同一动作，而是会根据一个节拍，把左臂或右臂的摆动当作重音。这一点在士兵的齐步行进中尤为明显，此时，时间是由交替的步伐代表的。

节奏的审美愉悦

我们对节奏的内在渴望是音乐、舞蹈和诗歌的源泉。节奏对所有形式的演讲和戏剧表演的影响也非常显著。

所有人都会喜欢某些色彩，而讨厌另一些色彩。喜爱红色和蓝色非常普遍，而某些层次的绿色和黄色则会惹大多数人生厌。色彩对人的效果就这样体现了出来，尽管此时人可能完全没有注意到它。每种色彩、每种色彩组合都会造成特定的情绪效果。一个没有色彩的世界将是一个暗淡沉闷的世界，而一个人若是被剥夺了色彩，将会失去许多生活的乐趣。

除色彩外，我们对某些几何图形也有着本能的偏好。一个完美的正方形令人愉悦，一个长宽比为 1.618∶1 的长方形则更是令人惬意。即便是过中点作垂线分割，也不如按照 1.618∶1 的比例分割的图形那样赏心悦目。后者在建筑领域被称为黄金分割。

音调有谐和音与不谐和音之分。有些音调会比其他更为悦耳，而把不同音调组合起来之后，有些组合非常动听，而其他的则不那么动听。不同乐器的音色也能制造出不同的情绪效果。聆听音乐时，使人感到平静或兴奋的是音色的特质，而不是它的时长或节奏。

感知和制造节奏所产生的审美愉悦，与色彩、几何图形和音调给我们带来的愉悦感十分相似。我们可能没有意识到这些影响因素的存在，但它们造成的结果却接踵而来。我们会因为一幅画的用色、一次日落或者一套家居装潢而心生喜悦，却根本没有认识到其中有色彩要素在起作用。我们会欣赏一栋建筑的对称与和谐，却没有意识到黄金分割的问题，没有意识到有些建筑形式令人叹为观止，而另一些并不令人愉快。所有专家都知道不同乐器拥有各自的音色，它们对我们的影响也大相径庭，但一般人并没有很好地意识到这一点。我们对节奏的认识也类似，在意识到它存在之前，我们就已经为它所感动。人声和乐器的节奏对我们的影响如此之大，以至于我们会情不自禁地左右摇摆，一直到情绪升至顶点。但我们都不会意识到，这些显著的效果都是由于表演者使用了节奏，无论他是音乐家、演员还是演讲者。演讲的节奏性能制造的临场效果十分重要，所有演讲者应该记住并认真考虑这一点。

节奏有助于思考

在演讲中，节奏的首要功能是保证演讲的审美效果，而它的第二种功能——帮助听众更轻松地捕捉演讲者的观点，几乎与前者同等重要。演讲节奏里的每一个重音都是对注意力的刺激，这在由几个重音音节和非重音音节组成的单词的主要重音身上尤为明显。当我们跟上这种节奏，我们的肌肉会随着音步或诗行中的重音收缩，并随着非重音放松。这种肌肉收缩对提高注意力有积极影响。只有活动时间与休息时间不断交替，我们才能最好地发挥注意力的水平。如果调动注意力过久，我们会疲惫不堪，分心走神；但如果调动注意力过少，我们就会心不在焉，转而关注其他事情。只有适当地调节演讲的节奏，让注意力的调动保持正确的频率，这样的演讲效果才最令人满意。

恰当的节奏不仅能吸引、保持听众的注意力，还能帮助听众将所讲内容化作“意群”① 来理解。如果演讲中的意义单位是单词，那就应该着重强调每个单词。但由于演讲中的意义单位并非单词，而是短语或完整的句子，演讲者必须通过重音将这一事实表现出来，并帮助听众发现和理解意义的要点。这里，我们在多样性中拥有了一种统一性，即将不同特定的声音组合起来表达单个观念。这使得听众不需要辛苦地捕捉演讲中的一个个词语，而是把多样性的声音统一为对单一概念的表达。

本章主要强调了节奏在普遍事物中的意义，特别是它在演讲中的重要性。下一章将继续这一讨论，探索如何在演讲中有效地运用节奏。我们还会以杰出的作家和演说家为例，了解他们使用了哪些方法来确保节奏的效果。

---

① “意群”指句子中按意思和结构划分出的具有相对完整性的各个成分，每个成分即为一个“意群”，目的是为了让人更容易地理解或学习。

第九章

写作和演讲中的节奏

句子节奏

所有资深作家和演说家在句子节奏的安排上都有着鲜明的个人特色。这主要体现在作者的行文断句和演讲者的措辞方式上。我们当中的大多数人都没有意识到自己维持着正常的句子长度，而且在一般情况下，我们会尽可能保留这个长度。最近，研究者也发现了支撑这一事实的有力证据。连续的句子在长度上可能存在些许变化，但研究者称，只要在任意一名普通作家的代表作中阅读500行，就能确定该作家的平均句子长度。L. A. 谢尔曼教授①在《大学研究》（内布拉斯加大学，第1卷第4期）中就介绍了麦考莱②的《英国史》的分析数据。其中，前十行是以千句为单位的每句平均

---

① 卢修斯·阿德尔诺·谢尔曼（1847—1933），19世纪美国的“数字人文学”先驱，该学派试图定量分析文学作品的句长差异，来表征不同的文学风格，识别不同作者。在计算机尚未面世的时代，该研究无疑具有开拓之功。其代表作为《文学分析学：关于如何对英语散文与诗歌进行客观研究的手册》。

② 托马斯·巴宾顿·麦考莱（1800—1859）英国历史学家、政治家。1822年在剑桥大学研习法律。1847年竞选失败，退出政界。此后撰写了《自詹姆斯二世即位以来的英国史》，即《英国史》。

词数，最后一行是以万句为单位的每句平均词数：

26.09	23.00	22.21	20.50
24.21	25.53	25.06	25.01
24.20	21.76	22.33	24.97
23.51	21.59	24.81	22.92
24.99	24.10	24.05	23.71
22.13	19.62	21.81	23.26
22.36	21.11	23.39	22.81
20.85	25.58	22.39	23.91
21.08	25.06	23.17	24.92
23.81	23.81	24.03	25.28
23.33	23.18	23.32	23.73

上述数据显示，当以千句为单位时，每个句子的平均词数拥有奇妙的一致性，而这种一致性在以千句为单位时最为惊人。从结果来看，整部《英国史》中每句的平均词数为23.43个。

这种句子节奏在几个世纪以来的英国文学中的发展，是一个既有趣又有启发性的事实。在伊丽莎白时代之前，一句话的平均词数约为50个。而到了我们这个时代，作家往往把一句话的平均词数限制在25个左右。这其中当然存在着个人差异，不过平均句长似乎还是25个词。在林肯的葛底斯堡演说①中，一句话的平均词数为26个。在布赖恩于芝

---

① 1863年11月19日，美国总统林肯在宾夕法尼亚州的葛底斯堡国家公墓揭幕式中发表演说，哀悼在葛底斯堡之役中阵亡的将士。

加哥大会上发表的关于“自由白银运动”的著名演讲①，一句话的平均词数为 28 个。

句子节奏取决于谓语

句子节奏并非主要取决于句中单词的绝对数量，而主要取决于句中完整谓语的数量。简单句的重复频率也对句子节奏造成了重要影响。G. W. 格温教授在《大学研究》（内布拉斯加大学，第 2 卷，第 1 期）中运用取自麦考莱的《英国史》中的其他数据清楚阐明了上述事实。下列数据记录了以千句为单位时每句的平均完整谓语数以及简单句所占比例。具体来说，格温教授将全书分为数组，每组包含 1000 个完整句，并得出组中每句的平均完整谓语数（第 1、3、5、7 列）以及每组中简单句所占的百分比（第 2、4、6、8 列）：

2.28	37%	2.42	31%	2.35	33%	2.35	33%
2.29	38	2.34	35	2.33	32	2.35	32
2.24	37	2.12	39	2.31	30	2.31	34
2.22	36	2.40	33	2.34	32	2.47	31
2.12	41	2.17	37	2.28	35	2.30	25
2.17	35	2.18	37	2.28	35	2.30	35

① 1896 年 7 月 9 日，美国政治家、演说家威廉·詹宁斯·布赖恩（1860—1925）在芝加哥民主党全国代表大会上发表了题为《黄金十字架》的演讲。他在演讲中认为美国没有必要储备与流通中的纸币价值相等的黄金，并呼吁美国用白银来支撑美元，以抬高农民的农作物价格，减轻他们的债务负担。这一主张被称为“自由白银运动”。本书所引用的布赖恩的演讲段落均来自《黄金十字架》。

2.30	34	2.37	34	2.39	30	2.32	34
2.18	34	2.53	31	2.31	37	2.37	34
2.31	34	2.36	33	2.55	28	2.38	34
2.24	37	2.26	33	2.19	37	2.31	35
2.24	36	2.32	34	2.33	33	2.35	34

在整部《英国史》中，每句话中的平均谓语数量为 2.30 个；在每 100 句话中，平均有 34 个简单句。

古今句子节奏对比

通过比较古今作家所使用的句子结构，我们可以看出一个明显的趋势：随着时代变化，作家们逐渐倾向于使用简单句，并在单句中倾向于使用较少的谓语。对于我们这个时代的作家和演讲者而言，古今句子节奏变化不大，但是节奏的组成单位则变得更加小巧简单。德摩斯梯尼①在他的《金冠辞》中经常使用高度复杂的长句，有些句子还多达 60 个词。西塞罗在他的演说《为诗人阿奇亚斯辩护》中，甚至在一句话中使用了 124 个词。

句子是对完整思想的表达。因此，为与实际的思想单位相匹配，现在的句子长度越来越短。有些人也许会觉得，现代的句子背诵起来总是断断续续、惹人生厌，但其实我们当中大多数人对现代句子节奏更加欣赏，而对古代的作家和演

① 德摩斯梯尼（前 384—前 322 年），古希腊雄辩家、民主派政治家。发表《第三篇反腓力演说词》和《金冠辞》等演讲词。据说他天生口吃、嗓音微弱，后以口含石子、迎着大风喊话等方法刻苦练习了 10 年演说，最终才成为雄辩家。

说家的那些复杂难懂、节奏拖沓的句子十分反感。如果你想使用对现代听众而言的最佳句式，那就应该避免使用那些大多数人听来笨拙至极的句子，但你也不能走向另一个极端，否则你自己也会精疲力竭，心生厌弃。

在当代许多演讲中，句子的节奏都非常明显。有些句子很短，但每一段短暂的期待都会让听众在之后得到适当的满足。它所制造的效果与诗歌和音乐中小节所能制造的效果极为相似。我们可以在纽厄尔·德怀特·希利斯①、弗兰克·M. 布里斯托尔②、亨利·沃特森③、罗伯特·麦金太尔④、乔治·鲁本·温德林⑤、弗兰克·W. 冈索勒斯⑥等著名演说家当中寻找例证。

其他一些同时代的作家和演说家并没有运用句子的节奏，而是依靠其他手段在读者和听众身上实现了预期效果。

---

① 纽厄尔·德怀特·希利斯（1858—1929），美国普利茅斯教堂牧师、讲师和作家。在牧师生涯中发表了约 1000 篇讲道，出版了 20 多卷书，包括他的布道集、励志作品和一部小说。

② 弗兰克·M. 布里斯托尔（1851—1932），美国作家，代表作为《莎士比亚和美国》《历史的女英雄：神话、莎士比亚、圣经中典型的女英雄》。

③ 亨利·沃特森（1840—1921），肯塔基州路易斯维尔的著名记者、作家和美国国会议员。他是个人新闻时代最后一批伟大的声音之一。

④ 罗伯特·麦金太尔（1851—1914），一位出生在苏格兰的美国牧师。他曾担任美国卫理公会的主教。

⑤ 乔治·鲁本·温德林（1845—1915），著有《在纽约协会大厅的演讲》《加利利人：一项新的调查》等。

⑥ 弗兰克·W. 冈索勒斯（1856—1921），著名的传教士、教育家、牧师、作家和人道主义者。因“百万美元布道”而闻名。

这其中最成功的无疑是塞缪尔·P. 琼斯①牧师，他会在讲述警句中穿插不规则、不确定的停顿。

节奏与音长、 音调和音量的关系

许多写过演讲技巧、口语表达、修辞学等等方面内容的作家都详细论述了节奏的本质：它取决于句子的微观结构。除去少数例外，几乎所有学者都认为，节奏取决于说话时着重部分与非着重部分之间的关系。我们可以通过重读、用力、提高音调，以及调整音色、音长、性质、数量、节奏、头韵、意义等等方法来表现着重语气。一般认为，散文的节奏与诗歌、音乐的节奏在性质上相似，但在数量上较少。在这个问题上最有影响的可能是三派学者，他们一致认为口语、散文和诗歌中的节奏是相似的。第一个学派认为，节奏是重音音节和非重音音节按照规律性的音长出现形成的；第二个学派认为，节奏取决于重音音节和非重音音节的重复周期，而且节奏的重音和该周期中的音调最高点一致；第三个学派则认为，在按一定规律重复出现的音节上，进行重读或提高音量，是节奏的基本要素。

直到最近，我们似乎还没有办法解决三个学派的争论。每个学派都有技艺娴熟的演讲者，他们能够依据各自学派的理论，针对性地安排重音的位置，以此来说服听众。第一个学派会建议信徒们要特别注意控制音长，第二个学派会建议

---

① 塞缪尔·P. 琼斯（1847—1906），美国佐治亚州的律师和商人，后来成为美国南部著卫理公会复兴传教士。

多多练习音调，第三个学派则更关注音量的把控。每个学派都将一个因素视为首要因素，而将另外两个因素视为次要的。

如果我们让这三个学派的代表在同一时间聆听同一曲目，那么一个人会从音长角度去听，另一人则关注音调，最后一位则会牢牢抓住音量。但也因此，独自一人很难进行全面完整的分析。幸运的是，针对这一点，精确的科学研究方法发挥了作用。今天，我们可以得出演讲者在发出重音部分和非重音部分时究竟使用了什么方法，而这恰恰决定了演讲的节奏。

录音解决学派争论

许多当代演说家的录音都得到了充分的保存。我们仔细研究了这些录音，并准确测定了音长、音调、音量这三个因素。最近发布的类似研究（《耶鲁心理学实验室研究》，第9卷）为我们提供了最为真实可信的数据。该研究显示了8人在朗读中制造重音的确切方法（此处的“重音”与音量高、时间长、重读、语气强、着重的音节同义）。被试所读内容部分是散文，部分是诗歌。本书只筛选了513个重音的测量结果。8位被试发出这些重音的方法如下表所示：

288	音量、音长、音调
59	音量
55	音长
52	音量、音调

续表

31	音量、音长
16	音调
12	音长、音调

从上表中我们可以看出，在大多数情况下，我们会通过调节音量、音长和音调这全部三种因素来制造重音。在这三种因素中，音量要么被单独使用，要么与其他方法混合使用(83次)。另外，即使是在因素的组合中，音量（重读）也是效果最为显著的因素。然而需要注意的是，音长、音调和音量这三种因素中的每一种，都既可以单独使用，也可以以任意组合使用。该研究的原始数据显示，最显著的重音并非出自这全部三种因素的组合，而是由其中两个因素组合而成的。我们使用最频繁的是全部三种因素的组合（288次），但当需要特别着重强调某个词语时，我们就会排除三者中的一两个。相比于缩短或增加音长，通过改变音调和音量来着重表达某个音节或词语，可以起到更好的强调效果。

结　论

通过以上思考，我们可以自然而然地得出结论：言语的节奏由一种在机械性上远不如上述三种要素的因素决定。每一次重音的出现，都离不开这三种因素中的一个或几个。它们可以说是节奏不可或缺的部分，所有思虑周全的演说家都能得心应手地驾驭它们。

在英语散文和诗歌中，思想最为重要，表达形式次之；

而在朗诵和音乐中，思想则次于形式。与前两种表现形式相比，在后两者中，节奏的重要性会更为突出。在阅读诗歌和散文时，过度追求节奏性的文字只会带来审美疲劳；但是，要想呈现出艺术的最高表现形式，就必须在表达思想时使用节奏性形式。我们不习惯把重要事物置于次要事物之下，但是人类的美学天性就是会追求节奏性。只有当思想表达与节奏性完美契合时，我们才会以最热烈的情绪做出反应。

许多关于演讲节奏的讨论都局限于单纯的理论，缺乏科学数据的支持。一些学者主张在朗诵散文和诗歌时放弃一切押韵的尝试，而另一些学者则使我们确信，除非朗诵一首诗时每个韵脚所占时长相等，否则我们的朗读就是错误的。一些学者坚称节奏仅仅取决于单一因素，例如音长、音量或音调，而还有一些学者则认为上面几种观点均是不正确的。

本章仅限于陈述朗诵和写作中制造节奏的方法的相关事实，以及一些有助于散文和诗歌的节奏性朗诵的心理学假设。

第十章

心理暗示

催眠概述

如果缺乏对催眠术的讨论，我们是无法讨论心理暗示这一主题的。为了给学生们展示这类现象，我会在心理学课上选择两三个学生，请他们坐在阶梯教室的讲台上担任被试，并使用法国南锡学派代表人物伯恩海姆①的著名催眠方法来让这几个学生进入催眠状态。在向被试进行初步解释和催眠的过程中，我必须小心谨慎，不能做出任何会惊动被试的动作，发出惊动被试的声音。在仔细解释了催眠的相关事实后，我要求被试将注意力集中在某一物体上，或是让他们放空大脑，只酝酿睡意。接着，我会对被试下达以下暗示：你的四肢变得越来越沉重，身体已经完全放松，想要休息；时间一分一秒过去，你会越来越困。催眠都会按照这个基本步骤和被试的具体情况推进并且在几分钟内就能完成。这时候，如果我抓住其中一名被试的手，用它缓缓地画着圈，并

---

① 19世纪的法国变态心理学有两大派别，其中之一为以法国城市南锡的大学和医院为中心的“南锡学派”，代表人物为法国心理治疗家希波莱特·伯恩海姆（1840—1919），研究癔症、催眠和心理治疗。弗洛伊德曾于1889年跟随伯恩海姆学习催眠术。

用言语暗示他继续画圈，他的手就会一直这样运动，无法停止。他们会一直站（或坐）在那里画着圈，直到我告诉他手可以停止运动后，他的手才会停下来。

我再以另一个被试约翰·史密斯为例。在催眠过程中，我用坚定的语气反复对他强调一句话："你的名字不是约翰·史密斯，而是弗兰克·琼斯。"然后我会问他叫什么名字。如果催眠取得了一定成果，他会在迟疑几秒后，回答说自己的名字是弗兰克·琼斯。在不提及这个名字一段时间之后，如果叫约翰·史密斯写下自己的名字，他还是会写弗兰克·琼斯这个名字。在这个更换名字的催眠实验中，部分被试在写自己的新名字时会表现出怀疑和困惑，但在适当的实验条件下，催眠结果还是确定的。

至于另一位被试，我会在催眠过程中告诉他：我们大学的乐队正在大街上行进，并请他去听一听他们的奏乐声。于是，如果我去问他是否听到了什么外面的声音，他会断言说听得非常清楚；如果我告诉他乐队演奏的是某首特定的曲子，他就能听到那首曲子；如果我告诉他，那根本不是乐队在演奏，而是一只知更鸟在附近的树上唱歌，他也会随之改口，同意说那确实是知更鸟的鸣叫声。

我每年在心理学课上所选的被试，都是身体和心理素质超乎平常的男生。一般人根本不会把他们当成易受暗示的人。而且，一般情况下，他们之前也从没被催眠过。

非催眠的心理暗示

对于一些易受暗示的被试，我们会使用非催眠手段展开实验，所得结果与上述实验结果相似。一名研究者写道："我的一位熟人 W 先生，之前从未被催眠过。但他在清醒的情况下非常轻易地接受了我的暗示。我告诉他：'你写不出自己的名字。'他试了一下，发现可以写出。于是我伸长胳膊，张开手掌，向他展示僵直的指节，接着说道：'现在试试。'他就落不下笔了，因为他的五指也开始僵硬。我做了整整一系列的这类实验……这个实例足以向我们展示，当被试处于清醒状态时，心理暗示也具有强大力量。"①

在下面这段哈姆莱特和波洛涅斯之间的对话中，莎士比亚也承认了心理暗示的力量：

> 哈姆莱特：你看见那片像骆驼一样的云吗？
> 波洛涅斯：哎哟，它真的像一头骆驼。
> 哈姆莱特：我想它还是像一头鼬鼠。
> 波洛涅斯：它拱起了背，正像是一头鼬鼠。
> 哈姆莱特：还是像一条鲸鱼吧？
> 波洛涅斯：很像一条鲸鱼。

莎士比亚的这个例子，很容易与实际经验等同起来。比如，我和学生们讨论人对气味的敏锐度时，取下了香水瓶的塞子，并要求学生们一闻到气味就立刻举手示意。上次我这么做时，坐在我旁边的一位易受暗示的女生很快就举起了手，接着，许多人也跟着她抬起了手。他们确信自己闻到了某种香气，还分辨出那是紫罗兰的味道（香水瓶的标签上写着"紫罗兰"）。但实际上，根本不可能有什么香气，因为

---

① 出自鲍里斯·席德斯《暗示的心理学》。鲍里斯·席德斯（1867—1923），美国著名的心理学教授、医学博士、哲学博士。

我在香水瓶里灌的是蒸馏水。

以上所举案例均是为了说明心理暗示在催眠和极易受暗示的情况下的作用。它们都属于极端情况，但这并不重要，重要的是我们可以通过这些案例更好地理解心理暗示的性质。

心理暗示的两个特点

直到最近几年，学界才就心理暗示开展科学研究。这些心理暗示现象呈现出多种多样的特点，且有着丰富的外在表现形式，因此直到今天，关于“心理暗示”这一术语，尚未有学者提出界限明确的固定用法。最近，学者们一致将“心理暗示”这一术语限于拥有下面两个特点的行为：第一，思想或行为必须由外部刺激唤起。这种外部刺激可能是一句话、一个手势、一个眼神、一段铃声，或是看到某个物体等。而如果我所做的行为或者得出的结论是我自己推理过程的结果，那么这一行为或结论就不是受外部刺激的暗示产生的。如果我在胡思乱想时，突然冒出了一个想法，而这个想法又引出了另一个点子，那么，我不能说第一个想法经由暗示产生了第二个主意，只能说是第一个想法引出了第二个。第二，心理暗示所唤起的想法，未经通常程度的思考和评判就能导致某种思想或行为。在这里，主观意识的作用范围大大缩小，心理暗示所唤起的想法不会引发主体的抵抗，至少不会引发足够的抵抗。

在上述例子中，催眠师通过言语和动作，向第一位被试暗示了“手会一直画圈”的想法（这一暗示也可以通过通话或写信完成）。这个想法深深地控制了被试的主观意识，以至于他的意识无法产生“停下这一动作”的想法。至于第二位被试，催眠师通过言语使他相信自己名为弗兰克·琼斯。在他的身上，主观意识受到了心理暗示的压制，以致无法容纳与暗示相抵触的想法，即他的名字其实不是弗兰克·琼斯。第三位被催眠了的被试自以为听到了乐队的演奏。这一想法完全占据了他的大脑，致使他自己不会对此产生一丝一毫的非真实感。这一解释也同样适用于一些非催眠的心理暗示等极端情况。

心理暗示的法则

如果不牢记与我们心理过程密切相关的两个基本事实，我们就无法完全把握心理暗示的重要性。第一个基本事实是思想在本质上是一种冲动，它自然会引发人的行为。有些人错误地认为，要想采取行动就必须先持有意志。只有在持有意志的前提下，任何具体行动的想法才能在意志的命令下得到执行。而本章所持的理念是，如果要采取某种行动，唯一要做的就是以一种不会产生抵触性或抑制性观念的方式，对自身暗示“采取这一行动”这一想法。这样一来，这一想法会自动导致行动的产生。这一点在所谓的“心理暗示的法则”中得到了阐释：关于某个行动（或功能）的每一个想法都会导致那个行动的发生，除非受到其他抵触性观念或者身体上的阻碍。该法则对于理解人类心理活动的运作过程至关重要。因此，当被试没有产生抵触性情绪，手也没有被绑住时，“手会一直画圈”这一想法自然会引发相应的手部动作。如果此刻正在写作的我心里突然冒出一个用左手去拉右耳的想法，除非我在这一想法之后立刻意识到自己停笔去做这件事有多么愚蠢，我还是必然会做出这一行为。然而在很多时候，即使是抵触性的想法也不足以阻止行为的初期迹象。如果我努力一边想着要念出字母“O”，一边努力在脑海中产生“我不能这么做”的抑制性观念，这样一来，我会发现在发音的初期，舌根的肌肉出现了读出这个字母时才会有的颤动。念出“P”“Q”等字母时也是如此。

关于人类心理过程的第二个基本事实是指：除非受到相矛盾的观念的抵制，否则所有向大脑暗示的想法都会被当成真理。也就是说，除非能同时提出可能的替代方案，否则心理暗示的产物就会被接受为正当合理的结论。如果我被下达了闻到紫罗兰香气的暗示，且头脑被这一想法占据，我就会产生闻到紫罗兰香气的幻觉，尽管实际上什么气味也没有。这对处于催眠状态或天生易受暗示的人惊人地有效。不过，这类极端情况的价值，只在于它们揭示了所有人的共同之处，尽管共性程度较低。

心理暗示会对普通人有效的事实已然毋庸置疑。现在，我们正逐步意识到，这个问题对那些想要了解人类心智活动的人，以及想要像演说家那样影响人类心智活动的人来说，是多么的重要。

人类并非逻辑机器

形式逻辑学者们倾向于假定人类只不过是一种逻辑机器。他会权衡各种证据，并按照顺序将它们形成三段论，最后得出结论，并以此作为行动的基础。然而，现代人类理论认为，人类是一种很少推理的动物。事实上，最伟大的人类心理研究者之一就曾告诉我们，大多数人从未有过纯粹的推理行为，他们所有的行为都是模仿、习惯、暗示或其他相关思想形式的产物，而这些思想形式显然低于所谓的纯粹推理。仅仅依靠暗示，我们就完成了重要的历史行动，还形成了神圣的宗教观念。最伟大的军事指挥官，往往不是那些擅长和下属讲理的人；最能鼓舞人心的演说家，也不是那些合乎逻辑地向大众揭示真理的人；最杰出的辩手，也不是那些在论证自己的立场时逻辑最为严谨的人。在感动和鼓舞他人方面，心理暗示的作用完全与逻辑推理不相上下。因此，每一个想要调动同伴情绪的人，都需要仔细考虑心理暗示这一问题。

实际应用

既然心理暗示是影响人类思想的一个有利因素，那么我们会自然提出一个疑问：演讲者可以如何利用心理暗示呢？这一问题的答案必然要符合上文所提及的心理暗示的两个基本特点。

第一个特点（暗示必须来自外部，比如口头语言）是所有形式的公共演讲都能满足的。心理暗示的外部来源可以是声音、手势、面部表情等等，而心理暗示的力度可能取决于其中一个因素，而非其他因素。在使用这些手段的心理暗示方法中，有一些方法肯定比另一些方法更加有效，但我目前不打算讨论这一问题。

至于我们在演讲中可以如何使用心理暗示这一问题，答案主要取决于心理暗示的第二个特点，即把听众头脑中的意识局限在演讲者所暗示的想法上，并避免头脑中出现使所暗示的想法无效或受阻的观念。催眠师的一切言语暗示之所以能让催眠对象完全信服，是因为催眠对象的头脑中并未出现任何矛盾性或抵触性的观念。也就是说，只有阻碍这些矛盾性观念的出现，或者在这些观念出现后消除它们，演讲者才能令听众信服于他的暗示。当然，最简单的方法还是在这些不良观念完全没有被唤醒时，就使用心理暗示来影响听众。如何才能做到这一点呢？不要以为有人已经或总是能够针对所有情况，完全解答这一问题；不过，我们可以在催眠术当中找到完整的答案。在有利条件下，我们可以对一个极易受暗示的人下达一个不会唤起任何抵触性观念的心理暗示。这样一来，被暗示者的所有行为和思想都将任由暗示者摆布。

不过，从来没有哪位演说家能够催眠全体听众，或是完全操控他们的思想，即便要操控的只是他所暗示的思想。但是，我们肯定也能找到一些证据确凿的案例，它们已经接近实现这一目标。

演讲者在听众面前发言的最佳方法

与在抵触性观念出现之后消除它们相比，直接阻止听众产生这些观念要容易得多。一般来说，演讲者展现自身理念的最佳方法，就是最少地唤起抵触性观念。这样一来，真正的问题就变成：演讲者究竟可以采用什么方法来消除听众头脑中的抵触性观念？

第十一章

如何使听众易受暗示

演讲者可以通过某些方法使听众变得易受暗示。这意味着，无论给听众呈现什么样的结论或观念，他们几乎都会不加批判、不假思索地笼统接受。本章接下来将列举一些使听众易受暗示的方法。它们虽不全面，但至少都有各自的价值。它们在或伟大或成功的演讲名篇中均有体现，即使其中的部分演讲者和演说词并不那么睿智出彩。

确保听众的信任

第一种方法是避免被听众怀疑，或者说确保得到听众的信任。一旦听众心存疑虑，那么心理暗示就失去了奏效的可能。这是因为在这种情况下，听众对演讲者提出的观点是批判性的，甚至是吹毛求疵的。听众不会信任演讲者所肯定的结论和概念，也不会倾向于遵循他的建议展开行动。有些人只要一亮相就能赢得台下众人的信任，而另一些人则缺乏这种能力，甚至永远无法获得它。我们只要分析世界历史上的一些伟大演说，就可以发现这些演说家在揭开演讲的目的之前，会首先深思熟虑，努力去赢得听众的信任。布赖恩在他最著名的芝加哥纲领辩论的总结陈词的开场白中就打消了听众的猜疑，确保了他们的信任：

如果仅以能力作为衡量标准，那么我站在诸位面前，反对诸位所听的这位尊贵先生的鼓吹，似乎就显得十分冒昧。但是，这远非个人层面的交锋。全国各地最谦卑的公民们，当你们披上了正义事业的甲胄，就会比许多错误的人都要强大。我来到你们这里，站在台上演讲，是为了捍卫一项和自由一样神圣的事业——人类的事业。

在莎士比亚的戏剧作品《裘力斯·恺撒》中，马克·安东尼使用同样的方式消除了罗马民众的质疑，确保了他们的信任：

朋友们，我不是来偷走你们的心的；
我并不像勃鲁托斯那般巧言善辩；
大家都知道我不过是个与人为善的老实人；
他们也知道这一点，所以才允许我公开为恺撒开脱几句。
因为我既无智慧，也无口才，更无本领，
我也不会用行动或言语来激起大家的血性；
我不过是直抒胸臆；
对你们已经知晓的一切再做提醒，
给你们看看敬爱的恺撒的伤口，那是可怜可悲的无言之口，
且让它们替我发声。
可假若我是勃鲁托斯……

利用权威

我要讲的第二种方法就是利用权威。它看似与第一种方法相矛盾，但实际上是对它的补充。只要听众认为台上是一位权威人士在发表观点，那么这些观点就会被听众毫无怀疑地接受。只要这些观点不会产生一定数量的质疑和批评，它们就成了一个通过权威来加深心理暗示的典型案例。只要人们视他为绝对权威，他的结论就会被视为有效，他所提出的行动方针也会在不受任何质疑和批评的情况下得到执行。

要想最大限度地影响听众，演讲者需要对自己即将莅临的消息大肆宣扬，并需要将自己打造成演讲话题的引领者。同时，形式礼节也对传播演讲者的权威起了重要作用。宫廷服饰对君主制国家的臣民产生了事实上的影响，总统的命令也要通过办公室来贯彻执行。法庭判决因为法官服的精美和下达判决时的郑重而更加肃穆，僧侣的每一句话都会因为他的帽子和长袍而更有蕴意。牧师即使没有身着教袍，也会觉得自己讲的每一句道因为自己站在圣桌边上而掷地有声。演讲者会经常发现，如果他进行了一番庄重的自我介绍，或者他的服装和外表能加强观众的敬畏感或尊重感，他的话语就会更有力量。

重复与暗示

第三种确保观众易受心理暗示的方法是不断重复。初次提出时不受待见的观点，在重复了两三遍之后，也许就会为人所接受。广告在第一次出现时不会有什么显著效果，但只要它频繁地出现，就能够说服公众，导向它所预期的受众行为。商人们也充分认识到，只有在多种报刊上不断插入广告，甚至在同一报刊的连续几期中不断插入广告，他们才会觉得商品可以大卖。

我们可以通过一种常见的“恶作剧”来对重复行为在强化心理暗示上的功效进行科学解释。当一个年轻人走进办公室，同事们一个接一个地凑上来和他打招呼说：“哎呀，你今早上的脸色怎么这么苍白！你应该回家睡觉休息，你肯定是病了。”这位年轻人得到了同事们异口同声的意见后，就在早班结束前匆匆离开岗位，觉得自己必须回去睡一觉。这种“恶作剧”之所以能生效，是因为有许多人通过一致行动，对同一观念进行多次重复。这使得这一观念变得难以抗拒。

杜利先生①也讲述了重复的力量。他说：“只要你对我说了足够多次，你说什么我都会相信。”

同样，在公共演讲当中，有许多观点需要经过一遍又一遍地重复，才能在听众中实现最佳效果。不过，在演讲中对高潮的安排与这种重复并不矛盾。二者只是意味着同一观点必须在连续的发展阶段中逐步呈现出来，并在最后呈现出最详尽圆满的姿态。

---

① 杜利是芝加哥新闻记者芬利·彼得·邓恩所虚构的专栏故事人物，作品主要表现了1890—1910年间的美式幽默。

修辞手法与暗示

第四种使听众易受心理暗示的方法是运用修辞手法，它让我们可以在暗示理念或结论的同时消除反对观点。在所有拥有这种力量的修辞手法中，比喻似乎是最有效的一种。布赖恩先生就是一位修辞大师。为了不引发反对和批评，他希望听众能得到的结论是修辞手法的结果，而不是由他直接讲明的。即便如此，结论还是会像白纸黑字写下的一样毫无疑义。这一点可以用下面两段演说词说明，它们节选自布赖恩先生在芝加哥纲领辩论中的总结陈词：

> 但请诸位注意，变化来了。麦金利先生①是在圣路易斯被提名的，他的政治纲领主张维持金本位制，直到通过国际协议将其改为金银复本位制。麦金利可是共和党人中最受欢迎的人！三个月前，每一位共和党人都预言他会当选。可如今情况如何？这位曾经夸口说自己长得像拿破仑的人，一想到自己是在滑铁卢战役周年纪念日被提名的，就不寒而栗了！不仅如此，他只要驻足去听，就能越来越清晰地听到浪花拍打在圣赫勒拿岛②荒凉海岸上的声音。

---

① 威廉·麦金利（1843—1901），美国第25任（第29届）总统，与民主党总统候选人威廉·詹宁斯·布赖恩是竞争对手。

② 圣赫勒拿岛是南大西洋中的一个火山岛，隶属于英国，拿破仑就是流放在这里直到去世。此处演讲者布赖恩将对手比作拿破仑，暗示他的选举必将像滑铁卢战役一样失败。

布赖恩先生并没有断言麦金利注定会失败，也没有直说对方已经意识到自己即将到来的命运。他暗示这一结论的方式要更为有力，因为他运用了比喻性的语言。不过，他最为著名的一次比喻位于上面这场演说的结尾：

> 如果他们敢站出来，在公开场合拥护说金本位是件好事，我们就要与他们战斗到底。在我们的身后，是这个国家乃至全世界的生产者。有了来自各地的商业利益、劳动利益和劳苦大众的支持，我们可以对他们的金本位要求做出如是答复："你们不能把这荆棘王冠压在劳动者的双眉上。你们不能把人类钉在黄金的十字架上。"

布赖恩先生并没有直接说金本位制是把劳工阶层钉死在十字架上，也没有直接说白银民主党人和耶稣基督之间有共通之处。这样直接的言语本会招致听众的唾弃，但是当他说完上面这段话后，成千上万的听众爆发出了空前的掌声。

间接暗示

最后一种使听众易受暗示的方法，也是最重要的手段之一，与上一种方法极为相似。在拥有更贴切的术语之前，我们可以称之为"间接暗示"。间接暗示指演讲者以一种间接的方式暗示结论或行为，引导听众在演讲者讲出结论之前，就能自主得出研究者所希望的结论。这样一来，当演讲者阐明结论时，听众便会把该它视为一种对自己心中业已形成的结论的确认。间接暗示所形成的结论或印象不会遇到任何反对意见，它会被不加批判地接受。因此，间接暗示是最为有力的一种暗示形式。然而，并非所有伟大的演说家都会采用间接暗示，想要发挥它的效力也着实困难重重。但如果运用得当，演讲就能大获成功。因此，间接暗示值得每一位演讲者去考虑。

间接暗示的一个上佳例证就是马克·安东尼在尤里乌斯·恺撒遗体旁的演说。在这篇演说中，马克·安东尼希望让民众得出一个特定的结论，并据此采取一种明确的行为。他不能直言这一结论，也不能直接对行为提出建议，但他以一种间接的方式完成了这两个任务，并且取得了惊人的成功。接下来的这段演讲就说明了这一点：

安东尼： 各位朋友，列位罗马人，诸位同胞，请大家听我一言；
我来此是为了埋葬恺撒，而非赞美他。
人们一旦为恶，死后不免遭人唾骂，
可他们生前所行的善事，却往往随着尸骨一齐入土；
让恺撒也这样吧。尊贵的勃鲁托斯
已经告诉过你们，恺撒的野心；
要是真相确实如此，那诚然是一个重大错误，
恺撒也为之付出了惨痛代价。
现在我得到勃鲁托斯及其同伴的允许
——因为勃鲁托斯是一个正人君子，
他们也都是正人君子——
到这儿来在恺撒的丧礼上说几句话。
恺撒是我的挚友，待人忠诚公正；

可是勃鲁托斯却说他野心勃勃，

而勃鲁托斯是一个正人君子。

恺撒曾为罗马抓获许多战俘，

这些人的赎金充实了公家的财库；

这难道就是野心家的行径？

穷苦者哀恸之时，恺撒亦为之垂泪；

野心家不当有这种慈悲之心。

然而勃鲁托斯却说他野心勃勃，

而勃鲁托斯是一个正人君子。

在卢柏克节的那天，大家都看见

我三次将王冠献于他，而他三次都拒绝了；

这难道也是野心家的所作所为？

然而勃鲁托斯却说他野心勃勃，

而勃鲁托斯的的确确是一个正人君子。

我不敢推翻勃鲁托斯所说的一切，

我只是在阐述自己所知道的事实。

你们过去都曾爱戴他，这并不是毫无理由的；

那么现在是什么阻止了你们为他哀悼呢？

唉，理性啊！你已经遁入了野兽的心中，

民众已经无法明辨是非了。原谅我；

现在，我的心已随着恺撒一起，留在他的棺木之内，

请大家稍待片刻，等它回到我的胸中。

市民甲： 我想他的话很有道理。

市民乙： 仔细想来，恺撒是有点儿死得冤枉。

市民丙： 列位，他死得冤枉吗？

怕是换了一个人来，还不如他哩。

市民丁： 你们听见他说的了吗？恺撒不愿意接受王冠；所以他的确没有什么野心。

市民甲： 要是真的如此，那么某些人将要为之付出重大代价。

市民乙： 可怜的人！他的双眼哭得像火一般红。

市民丙： 在罗马没有比安东尼更高尚的人了。

市民丁： 继续听；他又开始说话了。

安东尼： 就在昨日，恺撒的一句话
就可以统御整个世界；而今天他躺在这儿，
没有一个卑微之人向他致敬。
啊，诸君！要是我有意想挑动
你们的心灵，引发一场骚乱，
那我就是对不起勃鲁托斯，也对不起凯歇斯；
大家都知道，他们全是正人君子。
我不愿干对不起他们的事；我宁愿
对不起死者，对不起自己，对不起你们，
也不愿得罪这些正人君子……①

这段演讲的特点在于，演讲者根本没有直言他所希望的结论和行动。在绝大多数采用间接暗示的案例中，听众的思想已经准备好接受即将宣告的结论。直到结论已经在听众的头脑中完整形成之后，演讲者才会明确地肯定这一结论。马克·安东尼的方法也是这样。

---

① 节选自莎士比亚的《裘力斯·恺撒》第三幕第二场，译文选自译者裘克安所编写的《莎士比亚注释丛书》中的《裘力斯·恺撒》。

对于任何一个研究演讲的学生来说，阅读世界各国的演讲名篇，看看上述暗示方法在其中出现的频率，都是一门有趣的研究。在这些演说词中，寻找纯粹的三段论推理形式，发现一些例证是徒劳无益的。冷峻严肃的逻辑陈述可能会说服那些愿意投入研究时间和精力的人，但是对于口头演讲而言，心理暗示会比逻辑推理更有力。本章所讨论的都是一些最能使听众易受心理暗示的手段，它们能在塑造听众思想和指引听众行动方面确保取得最大的效果。

第十二章

群体心理学与听众心理学

什么是群体?

每一天，在任何城市，我们都能在街上看到一千个人来来往往。他们是出于偶然聚在一起的。每个人之所以此时此刻身在此处，都有各自的特殊原因；但他也完全明白，自己的目的并非街上其他人的共同目的。在这里，每个人都不会觉得自己和他人属于某种目的或利益的共同体；每个人，作为独立个体，都只不过是异质性群体的一员。在这个群体中，每个人的目的都不为他人所知，每个人的行为在很大程度上也独立于他人。我们可以通俗地称这些偶然聚集的个体为一个“群体”。但在心理学中，这样一个词语过于不明确而不适用。为此，我们应当添上一个形容词加以修饰，称其为“异质性群体”。

同样的这一千名个体，也可能会因为某一事件而突然变成一个统一的群体。这种事件能抓住所有人的注意力，并统合他们的目的，从而使群体的每个成员都能在经历和目的上达成一致。这样的一个群体才是心理学意义上的“群体”。为了区别于异质性群体，我们将其称为“同质性群体”。例如，在银行因为挤兑倒闭之前，千人长队中的每一个人都急于确保自己的存款安全，因此他们组成了一个同质性群体。

类似的，挤在打折柜台边上的一千名妇女，或是一场足球比赛的观众，都应当被称为同质性群体。

要判断一群个体究竟是同质性群体还是异质性群体，在许多情况下可能存在争议。即便是偶尔聚在一条街上的一千个人，也确实会有一些共同经历，比如他们都曾经历过大雨或阳光，都曾走过一条破败或热闹的街道，等等——他们都或多或少地意识到了这些共同经历的存在。然而，他们缺乏一个能够激发所有人的共同目的。例如，商业街上的行人与林荫道上的漫步者可能有着共同的目的，但也会有所差异。同样地，即便是最极端的同质性群体也会具有某些异质性因素。在足球比赛放声咆哮的观众中，许多人能在比赛中拥有强烈的个人经历，也能意识到激发每个人的目的是不同的。这里所强调的群体内部的差异性，是所有群体或多或少拥有的共通之处。当我们宣告出这类共同经历及对它的认同后，我们就形成了一个同质性群体；如果不进行宣告，我们就形成了一个异质性群体——也许将它称为“人群”会更好一些。在后面的讨论中，“群体”一词将仅指此处定义的同质性群体。

群体需要领袖

一个群体不可能脱离领袖而存在，脱离领袖的群体基本无法维持很长时间。因此，群体通常需要从自身成员中选择一名领袖。不过，一支足球队似乎是没有领袖的，因为所有成员都拥有相似的比赛经历，他们的目的也都是为了己方球队的胜利。这一既定事实意味着，球队并不需要一个领袖来使全体成员注意他们的共同经历和目的。不过，即使是在球队这样一个群体中，通常也需要一名领袖来指挥成员为自己欢呼、鼓劲。

在许多情况下，群体由领袖来聚集和领导。一旦失去了他的领导，群体就会很快解散。而在其他情况下，领袖却只需要在群体成员面前维持他们的共同目的和利益，使它们能清楚地印刻在成员的头脑中。这样一来，即使一个领袖下台了，群体成员也会立即需要下一个领袖。但在激励群体成员的共同点被建立起来之后，群体很容易就能找到下一位更能领导自身的领袖。

群体的特点

群体的思想和行为就如同原始人一般缺乏理性。理性无法约束群体性行为，无法对被暗示的群体性观念进行批评，也无法阻止群体成员屈服于自身所吸收的群体性情绪。我们可以说群体从来不会理性思考，也从来不懂得批判。即使是由最睿智的公民所组成的群体，也可能会把最荒谬的言论视为真理，把每一个体都嗤之以鼻的计划奉为圭臬。当群体成员还是个体时，由于责任和规范的约束，他们抑制住的行为要多于实际行动。但是，这种责任和规范并不存在于我们的原始祖先以及群体当中——群体中其他成员的一切行为都是适当的，群体的人数也消除了成员的责任感。由于摆脱了规范、责任和批判性的约束，群体就会像原始人那样，会被本能的、冲动的行为和模仿所主导，对任何暗示形成非常快速的反应，并执行相应的行动。这些都与单独行动的个体截然不同。个体一旦身处群体，就会完全沉浸于群体的目的之中，并为之投入、献身。

群体的思维方式是意象化的，它无法进行抽象的逻辑思维过程。在群体思维中，这些意象会以最不合逻辑的顺序接连出现，得出最为荒诞的情景和结论，但这种思维过程中的谬误从未被群体所察觉。这些头脑中的意象拥有如此大的魅力，以至于会被视为真理，从而在群体成员心中形成崇高的情感，尽管在正常情况下，这种情感只出现在人们认识到意象不过是现实的象征之时。由此可见，群体的主要特征之一就是情绪的突出性，这是因为群体以意象化的形式思考，这必然会生成情绪。道德和宗教在很大程度上是在情绪中表达的，所以群体往往具有高度的道德性或宗教性。即使身处私刑群体中，群体成员也会觉得杀人处刑是他的职责，他在履行一种崇高的道德责任。历史上许多宗教复兴运动通常都由群体来宣传的，并且实现了其他方式所无法企及的效果。

群体的经历和目的具有极强的感染力。在许多情况下，它就像是海面上的大漩涡一样，把每一个接触到的人卷入其中，令人难以抵御。有许多经过证实的例子能够说明群体的这种感染力。席德斯在《暗示心理学》一书中就引用了关于俄国军事殖民者暴动的记载："当索科洛夫拼命战斗的时候，我瞥见一个下士正倒在广场上痛哭。我上前问：'你在哭什么?'他指着那群围攻索科洛夫的暴徒喊道：'啊，对我来说，他们要杀的不是一个指挥官，而是一位父亲!'我告诉他，与其倒地痛哭，不如去助索科洛夫一臂之力。于是，他立刻站起来，跑去帮他的指挥官。过了一会儿，我也带着几个士兵前来支援，却发现那个下士正混在暴徒中棒打索科洛夫。‘混蛋！你在干什么？你不是告诉过我，他对你来说就像父亲一样吗？’只听他反唇相讥道：‘阁下，现在所有人都在打他，我怎么能愣着不动呢？’”

如果要用一句话来概括群体的特点，那就是一群高度易受暗示的个体。这一特点与前文中的所有特点密切相关，可以看成是对它们的一个简短概括。正如上一章所述，催眠是心理暗示的一种形式，但它可能从未对整个群体使用过，而针对群体所实际使用的心理暗示形式，在效果上已经与催眠十分相似。一个处于催眠状态的个体，可能处于最易受暗示的状态；而当同一个体是同质性群体的一员，他易受暗示的程度可能只次一级。上一章已经提到，当某种想法具有以下两个特点时，就能成为心理暗示：（1）它必须由外部刺激唤起；（2）它必须在不经通常所需的批评和思考过程的前提下，就能造成说服和行动。这样一来，在群体中，在领导提出一个想法（心理暗示的第一个特点）后，每一个群体成员就会不断去巩固它。如果演讲者提出了一个情绪化的想法，那么这种情绪会感染听众，并且不断回响，发酵，直到最终爆发出强上数倍的力量。如果演讲者以心理意象的形式呈现了某一想法，那么作为群体的一员，我就会觉得每个群体成员似乎都提出了这一想法。这是因为在我看来，每个群体成员所见所想都与演讲者所呈现的相差无几。因此在某种意义上，这一想法是在场的所有人呈现给我的。既然我觉得演讲者所提出的观点已经为在场的所有人所接受，那么我会不得不承认，对它提出质疑是荒诞可笑的（心理暗示的第二个特点）。

将听众转化成群体的好处

在演讲中，听众不是异质性群体，就是同质性群体。他们绝不会是完全异质性的。但是，只有在演讲者施加影响，并使得群体成为听众时，群体才可以达到最高程度的同质性。听众的同质性与演讲者的影响力成正比。只要能将听众紧密结合成一个同质性群体，演讲者就已经攻克了演讲中最困难的部分。这一困难之处不在于说服或影响整个群体，而在于创造出这一群体。由于听众只有在感觉到共同经历和目的时才能成为群体，台上的演讲者需要呈现出一定程度的共同经历。此外，他阐述问题、愿望和目的的方式必须能够吸引所有人，并使每名听众都相信，这就是对他们的目的和观念的表达。这样一来，我作为听众中的一员，就会不仅觉得演讲者正确地阐明了我的目的，还感到每名听众都有一段与我类似的经历。正是每名听众头脑中的这种认同感形成了一个群体。布赖恩就使我相信白银本位制的公正性，还说服了包括我在内的每一位听众。但是，如果每位听众都只认为自己是唯一被说服的人，那么布赖恩的演讲效果就不会大获成功。因此，布赖恩不仅说服了所有听众，还使每个人都能感觉到其他听众也被说服了。这使演讲效果增强了许多倍。此外，如果我感觉到其他听众也正在被打动和说服，那么我也会更容易被打动、被说服。如果我对一名英雄忠心耿耿但无人知晓，我的虔诚会比不上自己明白所有人都忠心耿耿的情形。独自崇拜可能存在，但纵观世界历史，全球各地的人们早已都认识到对同质性情绪的需求，并因此聚在一起，增添崇拜的热情。

将听众转化成群体的方法

要确保一群个体的同质性，我们确实有一些行之有效的方法。其中最为有效的手段之一，就是让听众们坐在一起。对着座无虚席的观众演讲轻而易举，但当演讲者与听众之间隔着无尽的空座时，只有德摩斯梯尼那样的口才方能给听众留下深刻印象。如果五百名听众稀稀落落地分散在一座可容纳三千人的礼堂里，几乎不可能联结成一个同质性的听众群体；而如果同样的五百名听众挤在一个只能容纳四百人的房间里，就很容易构成心理学意义上的“群体”。这件事实会迫使演讲者只让听众坐在某些座位上，而且最好是前排座位，以便空座不会成为演讲者与听众之间的障碍。此外，听众之间手肘的碰触能够增加对他人的察觉，这是其他任何方法所无法实现的。一位研究群体的学生曾经说过，天使不可能形成群体，因为他们感觉不到彼此身体的存在。在笔者看来，实际身体接触是传播群体情绪的最有利因素之一。

组织同质性群体的第二种方法是仪式。在仪式中，所有群体成员要做一模一样的动作，他们一同起身，一并落座，一起阅读或背诵同样的套话，等等。这种行为和思想表达上的一致性有助于增强成员的群体团结意识。这种方法甚至可以追溯到原始时代。歌唱通常是仪式的重要组成部分，也是美国人最常用的一种形式。我们也许可以在宗教复兴运动中找到完美的心理学意义上的同质性的群体的案例，不包含大量歌唱活动的宗教复兴集会几乎不存在。许多有影响力的宗教复兴运动者都有着让所有人参与歌唱的诀窍。他们常常把这句话挂在嘴边："来，大家一起全心投入歌唱。"我曾遇到过的一位美国最伟大的布道家，就把一本赞美诗集扔到一名不在唱诗的人身上。这个人本来只想做一名默默观察的局外人。不过，唱赞美诗并不是一种直接的崇拜形式，因为它所表达的情感并不重要；重要的是唱诗的强节奏能够吸引所有人的注意力。这才能使所有唱诗的人都融为一个同质性群体。

第三种创造群体的方法是在演讲的开头就让台下众人欢呼。要达到这一目的，演讲者有三种常用手段。一是采取一种能引起听众鼓掌的自我介绍方式。二是以一个有趣的故事作为开场白，不管那是什么样的故事，只要能博得满堂喝彩就行。第三种手段相较于演讲，其实更多地应用于歌剧当中：在表演开始时，演员需要以一种较为正式的、令人印象深刻的方式登台。相比于在登台亮相之前就在观众视野中出现一段时间，第三种手段往往能收获更多的掌声。在这里，与第二种方法——仪式中的掌声效果相比，这种掌声十分类似，但效果往往要更好，因为它更像是听众自发的表达。此外，由于群体内部的一致性更多地体现在情绪上而非思想上，相比于表达统一思想的仪式，表达情绪的掌声更能有效地赋予成员一种群体的一致性。

将一群异质性个体融合为同质性听众群体的第四种方法，就是提出所有成员的共同观念。这类观念应该充满感情，且必须拥有足够的、能以同一方式打动所有人的普遍性。在这类观念当中，我们通常会使用自由、自主、平等、恪尽职守、品性、文化、男性气质、骑士精神、勇敢、勤勉、慷慨、兄弟姊妹情谊、信仰、救赎等等词语，还会引用摩西、基督、保罗、华盛顿、林肯等等著名人物。这些观念起到了对暗号（shobboleth）① 的作用，能增强人们思想上的统一感。它们不仅不是抽象的观念，还能与历史事件或个人的亲身经历紧密相连，因而有助于培养群体意识。

如何影响群体

伟大的演说家似乎生来就知道如何与群体打交道。要对群体成功介绍某一主题，与对个人之间存在着天壤之别。如上文所述，群体的心理过程与原始人相似，因此，必须根据群体的实际心智情况才能最有效地吸引群体，绝不能自以为是地仅仅了解组成群体的个人。群体与原始人相似，都是按照心理意象而非逻辑思维过程来进行思考的。技艺高超的演说家会一个接一个地唤醒这些意象，或者在群体眼前生动呈现出一幅画面。这会使演讲的结论或营造的意象宛如现实一般，并导致群体成员采取最极端的措施以实现这些想象的产物。作为一名群体领袖，必须具有生动的想象力，并能借此在群体成员的头脑中唤起这些意象。慷慨激昂的演讲更容易

---

① shobboleth 一词可音译为“示播列”，在希伯来圣经中原指法连人口音无法说出“示”音，常常念成“斯”，因此无法念出“示播列”，而只能念出“斯播列”。法连人的这种口音差异被敌对的基列人认出，并因此遭受杀身之祸。在现代社会学意义上，示播列是用来区别一个人的社会或地区背景的特征和指标。它通常指语言特征，特别是对一个词的发音，用来辨识说话者是否属于某一特定群体的成员。

在天马行空的想象中找到表达方式，我们经常可以在群体领袖的演讲中发现这一点。

而在把听众融为同质性群体之后，演讲者绝对不要试图跟听众说理，因为正是把听众形成同质性群体的过程本身剥夺了他们的批判性思维能力。演讲者应当肯定合理的事实，肯定那些通过推理过程得出的结论，但他不能妄自带领群体成员进行这样的推理过程。

除了依靠意象思考，群体还具有一个非常显著的特点，即情绪在唤起意象方面所起的作用，以及伴随这些意象而来的特有的情绪基调。我们可以从情绪研究中预料到这一点。人类的情绪总是被强烈的意象形式所唤起，而逻辑思维过程却实际上不含有感情色彩。原始人和群体所得出的结论是情绪的产物，而非推理的结果。无法激起群体情绪的演说家，更不可能打动群体中的个人。因此，成功的群体领袖往往有着高度情绪化的性情，他们要比一般人更善于打动听众。

第十三章

记　忆

“记忆”一词的不同用法

围绕记忆的讨论一直被认为是有趣且有益的。演讲、教育和心理学方面的学者都有各自的看法。然而，“记忆”一词的用法五花八门，所以在介绍这一主题前，我们最好先说明这个术语的确切含义。以下是“记忆”一词的一些用法：（1）仅指任何形式的心理意象的存在。因此，如果我脑海里留有我祖母脸部的清晰意象，那就可以说我记住了我祖母的面容。（2）对某些事物的熟悉感，尽管我们可能记不起在什么时候见过它们。因此，如果我觉得自己以前在某地见过一个人，但想不起来是在哪里，那也可以说我记得这个人。（3）获取、保持和回忆的过程。（4）在专业术语中，“记忆”指“对某一事件或事实的认识。其中，我们并没有在此时思考这一事件或事实，却又额外认识到自己曾经思考或经历过它们”。在当前的讨论中，我们不会一直按照狭义的专业用法来讨论“记忆”。如果这个词语指更宽泛的含义，将由上下文来说明。

超凡记忆力

关于记忆，最惊人的发现之一当属个人之间的记忆力差异。当我们中的大多数人把自己的记忆力与某些朋友比较时，我们会发现自己的记忆力似乎很差。我们中的大多数人也都认识一些对某些事物有着超凡记忆力的人。我就有一个朋友，他的记忆力非常特别，令我一直啧啧称奇。最近，我向他介绍了一位与他素昧平生的绅士。这位绅士的姓氏还算中规中矩，但非常罕见。后来，在这位绅士退休后的某一天，我的朋友突然问我，这位先生是否有个女儿在几个月前嫁给了A地区的E先生。我的朋友能得出这一结论，是因为他几个月前在芝加哥的结婚许可证①上注意到了这对夫妇的名字——他几乎每天都会扫一眼结婚许可证的名录，即使过了一段时日，他也能极其准确完整地回忆起那些名字。还有一次，我说自己要去纽约州的肖托夸②时，这位朋友立刻就对我提出建议，帮我规划出最方便的路线，并精确地报出火车会在几点几分从芝加哥出发、我应该在何时下车以及在哪里换乘。我的这位朋友从没去过肖托夸，也对道路交通没有特别的兴趣，但是像火车时刻表这样的东西却对他很有吸引力，他只需看过一次，就能记住其中的大部分信息。

在我的另一个熟人身上，如果一列有40节车厢的货运火车从他眼前快速驶过，他能够看到并按顺序说出每节车厢的编号，以及它属于哪条铁路线。需要的话，他还可以在几秒内心算出这些数字的和，甚至是奇数项之和、偶数项之和

---

① 此处指公开结婚许可证。在美国，结婚前双方需要到就近的存档机构填写提交结婚许可证，之后在证件有效期内（通常为90天）举办婚礼。

② 肖托夸，美国纽约州西南部的一郡，是夏季文化活动中心，也指19世纪末期与20世纪早期在美国非常流行的户外成人教育集会。

等等，完全无须纸笔。他能单凭头脑记住一大串数字，这种能力是我们大多数人无法理解的。

还有一位偶然结识的朋友向我保证说，他从没忘记自己见过的任何一人的名字和长相。他摆出一副信誓旦旦的模样，我也没有证据来证明这一说辞准确与否。不过，就算他能记起所有认识的人，他的本领也远远比不上那些真正的记忆专家。据说，本都国王米特拉达梯①就记得他麾下八万名士兵的名字，西庇阿②知道罗马所有居民的名字，地米斯托克利③也能报出雅典两万居民的名字。

有些人拥有在脑海中极好地保留所见所闻的能力。在某些情况下，甚至那些文明程度较低的人也会拥有这种能力。莫法特牧师是一位在非洲的传教士。在对很多野蛮人进行了长期布道后，他目睹了一个非凡的记忆壮举。他这样描述道："一名其貌不扬的年轻人吸引了我的注意力。他正站在不远处，兴致勃勃地对一群人讲话，听众也在全神贯注地听着。我走上前，却惊讶地发现，他正以一种超乎寻常的准确性一本正经地复述我的布道内容，并努力还原我的神态和手势。那场布道的主题是'永恒'，他显然领悟到了这些内容，但没有什么会比他古怪的形象同严肃的语言之间的反差更为怪异的了。我不想打扰他，于是等他背诵完之后叫住他，对他说他完成了我肯定做不到的壮举——一字不差地把布道再讲一遍。而他似乎对自己出众的记忆力不以为然。"

---

① 本都王国，古国名。公元前 281 年，米特拉达梯一世建国，公元前 63 年被庞培征服，成为罗马帝国的一部分。

② 普布里乌斯·科涅利乌斯·西庇阿（西元前 236—西元前 184/183 年），古罗马政治家、军事家。

③ 地米斯托克利（前 524—前 459），古希腊政治家、军事家。

伟大的古典学者斯卡利格①在许多研究领域中拥有非凡的记忆力。似乎有证据表明，他仅用 21 天就背下了整本《荷马史诗》，并在接下来 4 个月内记住了其余的希腊诗歌。不到两年，他就对所有古希腊作品烂熟于心。

塞内卡②的话一直深得人们信任，即便是他声称可以按顺序复述出向他念过的两千个名字这样的话。他还声称，如果他的学生向他念出两百句互不相连的诗歌，他只要听一次就能倒背如流。

来自俄亥俄州哥伦比亚纳县塞勒姆的丹尼尔·麦卡特尼，就声称自己从九岁起就拥有超凡的记忆能力。他坚称自己记得人生过去的 42 年中的任何一天是星期几、天气状况如何，以及当天他去过哪些地方。俄亥俄州公立学校委员会委员 W. D. 亨克尔在对丹尼尔进行调查后，认为麦卡特尼所言基本属实。完整的调查报告刊登在威廉·T. 哈里斯主编的《思辨哲学杂志》上。在调查报告中，亨克尔说出一个日期，随后记录下麦卡特尼对上述三个问题的回答。他还记录了从自己说出日期到麦卡特尼给出答案之间的时长。这种调查方法和结果十分有趣，我就从报告全文中随机摘出的两个问题及回答，向读者介绍：

问：1861 年 4 月 12 日？

答：嗯…（2 秒）周五。天气晴朗，但多云。我从威尔顿出发去我哥哥家，大概十英里。

---

① 约瑟夫·斯卡利格（1540—1609），法国宗教领袖、学者。

② 塞内卡（约前 4—65），古罗马时代著名的斯多亚学派哲学家、政治家、剧作家。

问：1864 年 9 月 2 日？

答：呃…（10 秒）周五。天气非常晴朗暖和。第二天，树林里有一个主日学校的庆祝活动。

整整 15000 天！一个人居然能记住每一天是星期几，天气如何，想想都觉得不可思议！尽管这种记忆力对麦卡特尼来说很有意义，但似乎并未受到特别关注。我需要补充的是，麦卡特尼还是一个数学天才。例如，当被问到 123 乘以 456 等于多少时，他在 35 秒内就给出了 56088 这一正确答案。

记忆力的差异不仅在于所记住的东西的数量，还在于其质量。有些人的记忆断断续续、杂乱无章，只记住了日期、火车时刻这些相对无用的素材。而另一些人则拥有逻辑性的记忆能力，他们记住的不是那些无用的事实，而是被加工成逻辑体系的东西。记忆力的差异还在于心理意象的质量。一个眼观六路的人很容易就能过目不忘，而一个耳听八方的人也许很难记住所见之物，但也能毫不费力地实现过耳不忘。在他们当中，前者能够记住不同面容，后者能够记住各种声音；前者能记住一幅画，后者则能记住一曲交响乐。还有一些人对运动、气味、味道、冷热、事物的触感等等拥有着强大的记忆力，个中差异非常明显。只有很少的人能够记住对两种或三种以上感官有所呈现的物体。

遗忘的速度

不管记忆力是好是坏，我们都会发现自己对昨天经历的记忆不如对今天经历的那样清晰。与去年相比，我们对更久远年份的记忆要更为贫乏，无论是在数量上还是生动程度上。时间是导致一切记忆消逝的重要因素，不过直到德国的艾宾浩斯教授①完成了他的著名实验之后，我们才充分认识到时间因素的重要性。自他首次向世人公布实验结果以来，有很多人陆续对此加以验证。到了今天，我们已经明确掌握了记忆随时间推移的消逝速度。常人对任何经历的记忆会在其结束后的几秒内达到峰值。根据艾宾浩斯的实验数据，20分钟后，我将遗忘当前经历的40%；30分钟后，我会遗忘50%；两天后，我会遗忘72%；一个月后，我会遗忘80%。由于记忆素材和个体的区别，这组数字并非绝对准确，但绝对准确的是它们揭示了记忆会在最初快速消逝，随后消逝速度逐渐放缓的规律。无论是谁、拥有怎样的经历，他们都会在最初的几分钟到几小时内具有非常快的遗忘速度，但是在第一天过后，每过一天，遗忘的东西就会越来越少。你过了一个月还能记得的事物，很有可能可以记住一年；你在前一个小时或半个小时内遗忘的事物，要比你在之后三十天内遗忘的事物还要多。

遗忘的顺序

在我们身上，已经彻底掌握的知识反而会比较为生疏的内容遗忘得更快。这一事实甚至会发生在我们意想不到的地方。我们好友的名字会比一些很少用到的感叹词遗忘得更

---

① 赫尔曼·艾宾浩斯（1850—1909），德国心理学家。1885年出版了《关于记忆》一书，提出了著名的艾宾浩斯遗忘曲线。

快。随着年龄增长，人的遗忘程度会快速地上升，但遗忘的顺序仍会保持一致；即便在某些形式的精神病和其他造成心损害的病痛患者身上，我也可以发现同样的遗忘顺序。在所有这些情况下，遗忘的顺序都是一致的：我们将看到专有名词会最先被遗忘，然后是与我们每天看到和处理的具体事物有关的普通名词。相比于那些指人物、地点和具体事物的名词，我们对抽象名词的记忆要长得多。名词之后的遗忘顺序依次是形容词、动词、连词、介词和感叹词。当然，这并不是说所有名词的遗忘都发生在任意一个感叹词之前——这里的遗忘顺序仅表示何种词性在这一阶段遗忘量最大。我们对名词的记忆要比其他词性更弱。一个记忆力差的人可能会在一时忘记“刀”（knife）这个名词。于是，为了表达他的需求，他会称其为“一个用来切东西的工具”。在我们当中，许多苦于记忆力差的人都知道，自己常常会因为忘掉某个名词而尴尬难堪。在这种情况下，他们的脑海中就会浮现出丰富的感叹词。更进一步说，在遗忘过程中更为复杂的地方在于，有些人遗忘得最快的是看到的事物，而另一些人遗忘得最快的是听到的信息，等等。在某些情况下，人的特定感官记忆的遗忘程度会异常得高，这将带来灾难性的后果。在一些得到充分证实的案例中，一位健康的成年人可能会忘记自己几乎所有的视觉记忆。一些案例会更为极端，患者甚至会无法通过视觉认出自己的家人，甚至认不出在镜子里看到的自己的面容。这种极端形式的记忆丧失可能是永久性的，在某些情况下也可能是暂时性的。不过，无论是哪一种情况，这些患者都不得不强迫自己去依靠那些尚且完好的记忆形式。

记忆的歪曲与模糊

我们往往过于倾向于把人的思想看作实物，认为它们可以长久保存在记忆中，就像是小麦可以储藏在谷仓中，或像是一缕烛光，它会随着时间推移愈发暗淡，但并没有熄灭，反而可能再放光芒。但是，这种理念是完全错误的，它造成了我们对记忆的错误认知。人的思想不是实物，而是一种心理行为。它们不会储存在记忆中以待未来的调用。在任何情况下，人回忆起的观念都是全新的创造产物，它能带来一种熟悉感，而这种熟悉感能把它与其所对应的过往经历联系起来。我们的心灵一旦创造出一种观念，就能在未来更加容易地进行相同的创造过程，并意识到两个过程的一致性。如果我们把人回忆起的观念比作谷仓中的麦子或即将燃尽的烛火，那么，回忆起的观念就不可避免地同原本的观念一模一样，只是不那么清晰罢了。但是，如果回忆起的观念是全新的创造产物，那我们就无法保证它与我们所联想到的过往经历完全相同。在这一理念下，我们会发现自己回忆起的观念不仅要比原本的观念更加模糊，而且在其他方面也有所差异。这一假设有着事实依据的支持。众所周知，人类的记忆都是错误的。记忆中的经历可能会被歪曲到无法辨认，但对这段记忆的持有者来说，它与原本的真实经历别无二致。在记忆中，所有类型的经历都会经常被歪曲。例如，我们记忆中震耳欲聋的声音其实比实际要小，记忆中暗淡的灯光其实比实际要亮，而明亮的灯光在记忆中要比实际暗。对上面这类对我们无关紧要的经历而言，与记住实际情况相比，我们的记忆似乎更倾向于接近平常。因此，我们会在记忆中觉得沉重的物体没那么重，低沉的音调没那么低，酷热的天气也没那么热，等等。在所有这些情况中，记忆的作用是把事物的情况提高或降低到平均水平。另一方面，当强烈的情绪因素介入时，我们的记忆会出现完全相反的过程。在记忆中，令人害怕的事物似乎就是造成恐惧情绪的充分原因。但当真正的恐惧原因在记忆中越来越少时，我们可能会无意识地给它添加一些新的可怕特征，使这段恐怖经历更加合情合理。因此，我们的认识也在记忆中起着举足轻重的作用。当我们的理性认为一件事肯定是以某种特定方式发生时，记忆也会随之附和。情绪对记忆的影响通常是一个极为漫长的过程——记忆可能会一天天被夸大，直到最后与原本的经历之间只留下一丝相似的痕迹。生动的想象、较差的细节记忆力以及与经历中的兴奋情绪都会加快这一过程。个人的兴趣或愿望也是相当重要的因素。

记忆的错觉

家庭聚会中不同成年人对童年经历的叙述，是记忆模糊和歪曲的一个有趣例证。记忆模糊和歪曲会使彼此对共同经历的回忆在细节的完整性上出现差异，甚至会导致经历的性质也有所不同。这种记忆歪曲在许多情况下非常之大，以至于人们无法通过协调达成一致。法官和历史学家都会无奈地发现，即使是最诚实、最善良的目击者，也可能给出不准确的证词。而且，完全一致的证词通常并不会被当作准确的证据，反而会被解读为合谋串供的象征。即便是在最不可能出现记忆错觉的关键时刻，完全真诚的证词也偶尔会是错误的。每年，我都会从学生那儿收集他们记忆错觉的案例，它们的出现要比我们想象的频繁得多。例如，在假日家庭聚会上，我的一个学生讲述了在多年以前他和弟弟宰杀一只火鸡的经历。在他的记忆中，弟弟在挥动斧子时不小心手滑了一下，结果割伤了这位学生的指尖，但是当时也在场的弟弟坚称，是哥哥让斧头脱落并划伤了弟弟，并露出手指上的伤痕来证实这一点。尽管哥哥觉得自己对这件事前因后果的记忆非常清晰，但他最终被弟弟说服，相信被斧头割伤的不是自己的手指。另一个学生曾在小时候被要求描述芝加哥大火①。在描述那场灾难时，她表现出了异常活跃的想象力，仿佛自己亲眼看见了吞吐的火舌和烧焦的余烬。她还在想象中看到自己牵着父母的手，走过了荒芜的街道。很快，她开始相信自己当时就在火灾现场，然而实际上这场大火是在她出生的几年前发生的。她至今仍无法接受这一事实，并坚持认为自己对大火的回忆与其他来自真实经历的回忆一样可靠。即便是在身体健康且非常聪明的人的身上，这种记忆错觉也是一种十分频繁的情况，因此我们不费吹灰之力就能收集到不少与上述两者类似的案例。

狡猾的律师会巧妙利用记忆力弱的证人的想象力，来获取对自身有利的证词。如果律师反复向证人描述一个可能出现的场景，证人就可能会把这种想象与实际情况相混淆。这会导致证人发誓说自己在现场见过这一实际并未发生的事情。我们很容易把多次生动想象过的事物与自己的真实经历相混淆。“如果我没有记错的话”这句话，其实承认了一切

---

① 芝加哥大火（Great Chicago Fire）是一起发生在1871年10月8日到10月10日的火灾。火灾中，近300人被夺去性命，约100，000人无家可归，约9平方公里范围内的城市建筑被烧毁。

人类证词的易错性质。

对一种奇异经历的解释

接下来我们要讲一种奇异的经历。在所有成年人中，大约有一半人曾有过这种经历，而另一半从未有此类经历的人则会持怀疑态度。举例来说，当我第一次迈入一座建筑时，可能会突然有一种熟悉感涌上心头，仿佛自己曾经在同样的情况下到过这里。这座建筑的所有细节都显得十分熟悉，尽管我知道自己以前从未靠近过这里。再如，在走进一片树林后，即便这是我第一次进入这片树林，但我对这一场景也有一种熟悉感。在与一个陌生人交谈时，我似乎能事先预知他将说些什么，因为这似乎与一些我之前不知何时何地的经验一致。对于这种经历，许多人以不同的解释方式，提出了一些非常特别的假说。例如，有几个聪明的美国人就对野外森林持有深刻的熟悉感。他们得出结论，认为自己肯定曾在这片森林中居住过，如果不在此生，那就是在前世，在他们还是印第安人的时候。

华兹华斯在写作《不朽颂》(*Intimations of Immortality*)时，很可能就是在尝试解释这种特殊经历。对于这种经历，我们当然没有给出灵魂转世的必要证据。正确的解释其实更为简单——这是一种记忆错觉，一种熟悉感的错用。

下一章将只回答以下两个问题：有哪些方法可以提升记忆力，又能提高到什么程度？不论要记住的是诗歌还是散文，是长还是短，甚至是诸如姓名、日期和数字这样愚蠢的素材，最方便快捷的记忆方法是什么？

第十四章

记忆心理学的实际应用

在本章中，我们将具体讨论以下两个有关记忆心理学的问题：(1) 提高记忆力的方法；(2) 高效记忆的方法，尤其是给他人留下深刻印象的方法。

记忆力可以训练到什么程度？

过去的人们常常认为，在我们的心智能力中，没有哪种会像记忆力那样需要训练。于是，学校设置了大量死记硬背的功课，以各种举措来培养记忆力这种重要的心理因素。近年来，对于这种过于极端强调记忆力的现象，人们陆续发出了一些反对的呼声；但是到了今天，我们又走到了另一个极端——我们的学校已经抛弃了所有机械记忆的功课，我们国家的年轻人也没养成牢记事物的习惯。他们认为机械记忆训练已然过时，且毫无价值。他们还会引述一些来自主流教育学家、心理学家等权威人士的论断，来推翻记忆力训练的可能性。其中，最常被引用的是哈佛大学的威廉·詹姆斯。他在《心理学原理》第一卷中如是写道："再多的文化似乎也无法改变一个人整体的记忆保持能力。这种能力是一种心理性质，它在人形成时就被一次性地、完全地赋予人，人在之后永远不可能改变它。毫无疑问，人在生病和健康时的记忆力是不同的。人在精力充沛时的记忆力，要比人疲惫或生病时更胜一筹，这是我们经过观察发现的事实。因此，我们可以说人记忆保持的能力会随着他的健康状况而波动，凡是有益于其健康状况的事物，也将有益于其记忆。我们甚至可以说，即便是最少的有益于大脑整体状况和营养供给、有促进作用的智力锻炼，也将有益于人整体的记忆保持能力。但除此之外，我们不能下更多的结论，这也显然低于大多数人的期望。”

在威廉·詹姆斯后续著作中，也有一句被频繁引用的话：“人们通常认为，作为一种普遍而基础的官能的‘记忆’，可以通过训练来提高。然而，这一观念是一个巨大的谬误。”

以上观点及其他的类似论述，都旨在表明一点：任何记忆力训练都绝无成功的可能。然而，事实并非如此。为了便于分析，我们可以将一切记忆行为划分为以下三个要素：获得、保留和回忆。詹姆斯教授所讲的只是这三个要素之一。即使一个人的原生记忆力无法得到改善，但针对另外两个要素展开训练也能达到有益的效果。如果说除了健康状况之外，没有任何东西可以影响原生记忆力，那么获得和回忆这两个因素仍然可以通过训练影响。因此，改善二者的方法是非常重要的。

系统思维：提高记忆力的一般方法

或许，所谓的系统思维是加强记忆力的最有利因素。系统思维意味着我们能发现记忆素材中不同部分之间的关系，同时能以某种方式将它们自己至关重要的生活经历联系起来。我们要记住的事物，必须要有意义和价值。这种分析方法尽管需要经过训练才能掌握，但并非遥不可及的理想。斯宾塞和达尔文的超凡记忆力就可以用这种系统思维来解释——新的数据进入他们的逻辑系统后，会填补其中的一个空缺，并因此拥有了一种独特的价值。一个人即使原生记忆保持能力很差，也能够牢牢记住通过这种方式获取的事物。如果一个新的事实与某些自己已知的事实相似，或者我们已经看到了它的前因后果，那我们一般无须花费更多的力气就能记住它。当这个新事实与它的同类事实、原因和结果联系在一起，它就不再作为一个独立事物存在，而是与我们先前的知识融为一体。这样一来，我们就不会忘记它，除非我们忘掉了所有与之相关的知识。系统思维的困难之处在于快速理清这些联系。在培养系统思维之后，即便是记忆保持能力很弱的人，也能够完成一些连原生记忆保持能力很强的人都无法完成的任务。一个人把事实处理成系统之后，他不仅可以牢牢记住这些事实，还可以在日后非常轻松地回忆起它们。

兴趣的广度和强度

除了系统思维，我们还要讲讲第二个能提高记忆力的因素——兴趣。它实际上与系统思维密切相关。那些你感兴趣的事物，往往会让你铭记在心。人们在记忆力上的差异，部分就来自他们的兴趣在广度和强度上的差异。我自己就对记住熟人的名字不大感兴趣，但对那些对人名记性很好的人而言，记住名字就让他们兴趣盎然。上一章提到的麦卡特尼先生就对日历上的每一天是星期几非常感兴趣。他会常常去思考它，也很乐于去记住它，因为这对他来说极其重要。但对我来说，回忆日期这种事情就是无聊且无益的。麦卡特尼先生的记忆力之所以比我强，不仅是因为他原生的记忆保持力比较强，也是因为他对这类事情有着浓厚的兴趣。

如果你能保持良好的身体状况，形成系统性的思维习惯，还对需要记住的事物很感兴趣，并能忘我地沉浸其中，如此下来，你就可以说自己已经尽一切可能来提高自身记忆力了。

助记手段

有许多所谓的记忆培训老师，都会向那些记性不好又容易上当的人兜售自己的助记手段。然而，这些手段大都没什么效果，甚至毫无价值，只有极少数的手段会有助于人们系统性地整理事实和激发兴趣。尽管有些助记手段能将系统思维融合进要记忆的事实，避免了一片狼藉的情况，但此类方法并不能改变个人的普遍记忆保持能力。此外，这些助记手段通常十分机械，其价值也主要体现在记忆互不相关的事实上，但相比于其他更为简单的记忆办法，这些助记手段往往也要耗费更多的精力。

最简单的记忆方法

如果要普遍地提高记忆力，心理学能提供的帮助不多；但如果要提高记忆效率，心理学就能给出一些卓有成效的建议。面对记忆这一任务时，我们可以满怀信心地寻求心理学的帮助。让我们来想象一个具体的情境，例如你需要记住四十行的长诗，但你的记忆力却又十分一般。那么，在这样的紧急情况下，你需要怎样才能以最少的付出来完整地达到自己的目的呢？我们可以从上文对普遍提高记忆力的讨论中总结出：第一，你应该在身体健康、精力充沛的时候进行记忆。第二，你应该试图从整体上理解诗歌的含义，并理解不同部分之间的联系。这些联系一被发现，就会清晰地出现在你的脑海中。第三，你应该全身心地、忘我地投入到诗歌欣赏当中。

使用主导意象形式

以上这些方法固然重要，但它们并非全部。还有一些最重要的因素常常被我们所忽视。运用自己最强的心理意象形式就是同等重要却又经常被忽视的第四个因素。

如果我的视觉想象力很强，那我就应该努力将诗中所描述的事物转化成一个清晰的视觉意象。在许多情况下，我甚至可以凭借自身视觉意象上的优势，构想出一些自己在自然情况下不会想到的事物形式。我可能对印刷文字以及它们在书页上的位置也有着很强的特别想象力——我会努力让诗歌所在的那几页在脑海中形成清晰的图像。这样一来，我在之后背诵这首诗时，就像在实际阅读这些清晰图像中的诗歌一样简单。在我背下整首诗歌之后，书页的图像可能就会逐渐消散；不过，只要我的头脑能轻松记起书页的图像，这种图像消散过程也不会带来什么损失。

假使我的主导心理意象不是视觉意象，而是听觉意象，那么我将使用一种完全不同的方法来记忆事物。在诗歌的例子中，如果可能的话，我需要有人为我朗读这首诗，或者由自己大声诵读。如此一来，诗歌就会转化成为一系列供我记忆的声音，就好像它根本没有视觉形式一样。靠双眼去记住纸面上的诗句会让我难以忍受，只有自己大声朗读出来时，我才能更快更容易地记住它们。在需要保持安静的学校里，大声朗读往往是不合适的，因此我们就养成了错误的记忆习惯。这样一来，即便是在大声朗读并不会给他人带来不便的场合下，我们也很难纠正自己业已形成的记忆方法。

倘若我的主导心理意象既非视觉意象，亦非听觉意象，而是运动意象，那么我必须根据这种特殊官能来调整自己的记忆方法。抄写要记忆的内容可能会是一个不错的点子。此外，吐字发音时的肌肉活动也是帮助我记忆的有效因素。这样一来，我需要大声读出自己要记住的内容，并且自己亲自朗读要比他人读给我听更有效果。当我在做这些书写与说话的动作时，也应该辅以自己日常表达中会自然使用的手势。我们需要尽可能完整地感知所有与记忆素材有关的动作，并需要全力以赴地做出与背诵和演讲相关的动作。

有不少生理活动形式都会显著地帮助到我们大脑的记忆

与回想。在演讲者因为一时忘词，呆站在台上什么也不做是十分致命的，这是因为身体的僵直会同步影响到演讲者的头脑，使他更加难以想起遗忘的部分。笔者永远不会忘记几年前的一个教训，它正好验证了上述规律。当时，我负责主持一场座无虚席的集会，并准备向听众们郑重介绍一位大名鼎鼎的演说家，他同时也是一名主教。然而，当我刚要说出这位贵客的名字时，却突然意识恍惚，忘记了他的名字。如果我此时停下讲话，试图去回想这个名字，混乱将会立即淹没我的理智。于是，我没有让这种情况发生，而是继续说一些比较能撑住场面的句子，直到我记起那个名字并完成发言为止。结果，作为主持人的我松了一口气，听众们也显然非常满意。发言时的生理活动和随之产生的必要的心理活动是刺激大脑和确保回忆的重要因素。每一位脱稿的演讲者都必须遵守以下原则，即在忘词时，不要停顿，必须要继续做点什么。你可以重复上一句话末尾的词语，也可以临时插入一句不相干的话，或是给自己倒上一杯水，还可以慢慢踱步，走到台前。这些活动是什么并不重要，但它们可以是心理机制的最佳刺激。当演讲者大脑一片空白，遗忘部分演讲内容时，他必须在意志的完全控制下发起这些活动。这一原则对运动意象较强的人尤为关键，当然对其他人也有一定的参考价值。

我用自己的主导意象形式掌握的事物，会给我留下最深刻的印象。因此，它最富意义，最容易被记住，也最容易被回忆起。每一个人都应该发现、了解自己的心理意象形式，并运用其中的优势来获取知识，特别是逐字逐句地记忆。

重复

在记忆过程中，我们需要考虑的第五个因素就是重复。恐怕所有人在记忆时都被强迫使用过这一方法。然而，相比而言，很少有人能以最有效的方式运用重复这一因素。如果在记忆中明确只有一种意象形式，那么就只应在这一特定形式中使用重复；如果意象形式非常全面，那么重复就不能只使用在单一的意象形式中。重复的不同形式的运用，会对许多人有所帮助。因此，我既可以自己大声朗读四十行诗，也可以让别人读给我听，还可以把诗歌抄写下来，甚至可以将多种方法结合起来——一边朗读，一边试着想象诗歌所在的书页和诗歌描述的场景。这样会立刻对我们眼睛、耳朵和肌肉上产生吸引力。

一次记住大段内容

在运用重复这一方法时，我们常犯的错误是只重复某一小段，而非要记忆的全部内容。例如，如果我要记住四十行诗，最省事的办法就是通读全诗，而不是把它拆成几个部分去零碎地背诵。一次只背诵一行或一节诗歌是非常不明智的方法，反之，我们应该一次就记住全部四十行，这需要反复朗读整首诗，直至能够熟练背诵为止。然而，几乎没有人会不自觉地采用这种通读的方法。事实上，大多数人会质疑这一记忆方法的可行性。让人信服的唯一方法是开展实验。经过实验的严格验证后，我们发现在众多重复的形式中，通读是最简单快捷的一种。如果你发现自己很难记住这四十行诗，那么最好把它们反复通读几遍，然后在第二天继续通读。隔上一天或更长时间有利于减少记住全诗所需的总重复次数。采用这种方法背诵诗歌、演说等文学作品，不仅能减少耗费的精力，还能延长记忆保持的时间和提高回忆的敏捷度。因此，这一方法值得推广使用。唯一的例外情况就是包含某些异常特殊的难点的时节。这时，明智的做法往往是在这些句子前停顿，如有必要，最好逐字逐句地掌握它们。否则，我们在运用重复这一方法时，在重复的速度和表达方式上都应该遵循演讲所采用的方式。

记忆的技巧

西塞罗、昆体良等许多伟大的演说家都很重视所谓的演说技巧。使用“首先”“其次”之类的表达将演讲的各个部分联系起来的习惯，就是我们从这些古代演说家那里继承而来的。古代演说家还会在演讲中使用特殊的意象形式。其中一种最常见的方法，就是将演讲的各个部分与房子或街道的特定部分联想在一起。举例来说，他们会把开场白和房子的入口紧密联系起来，把第一部分正文与最先踏入的房间联系起来，以此类推。在一些极端情况下，他们会把第一部分正文与房间内的家具联系起来，家具的顺序决定演讲者对各部分的回忆顺序。这样一来，他们把演讲划分为尽可能多个部分，每一部分都与房子里的某个房间相关联；他们还把各部分排列出一定的顺序，在演讲中将会按照正确顺序回忆起讲话内容。尽管这种主观联想是十分随意的，但一经形成，就会被演讲者牢记在心，确保他不会忘记整个演讲中各部分的顺序。对大多数人来说，这种技巧似乎格外烦琐，远远逊色于其他更合乎逻辑的联系方法。许多伟大的演说家都曾极力推崇这种技巧，但对大多数演讲者而言，它并非切实可行。因此，我们目前并不推荐这种方法，它只具有历史价值。虽然这种记忆技巧在面对需要进行逻辑分析的素材时显得捉襟见肘，但在记忆姓名、日期、英文拼写等类似素材时会大有裨益。

通过这类异想天开的联想，我们可以非常轻松地记住电话号码、门牌号和日期。这种联想在理性逻辑上越是荒唐，似乎越能加深我们的印象。假使我要记住 1391 这串电话号码，我就会去想这串电话号码的主人是有多么不幸——13 是众所周知的不祥数字，而 91 正好是 13 的 7 倍！

一般来说，演讲者对记忆的兴趣可以分成三个方面。首先，他想知道如何提高自己的记忆力；其次，他想知道最简单快捷的记忆和回想的方法；最后，他还要知道怎样表达才能让听众牢记于心。不过在任何情况下，我们都可以从上文介绍的提高普遍和片段记忆力的方法中，找到第三个问题的答案。读者很容易就能根据这一最终目的做出必要调整，但目前我们不做讨论。

虽然我们已经一一说明了能够提高普遍和片段记忆力的方法，但事实可能不会有太多改变——有的人仍然能过目不忘，而有的人还是丢三落四。再多的训练，再丰富的方法，也无法使一个人的记忆发生翻天覆地的变化。对拥有超凡记忆力的人而言，只需要在上述规则中遵守很少的一些，因为记忆对他来说不过是小菜一碟，不用投入太多的注意力。但对于记忆力平平无奇的人来说，上述规则可以帮助我们大幅提高记忆力，但无法直接赋予我们优良的记忆力。在科学揭示出人类记忆的完美机制之后，记忆仍将是一种神秘之物。个体之间的记忆力差异，仍将不断激发我们的好奇心。